烟酒茶糖

说烟、话茶、谈酒

《皇冠》三一四期（东南亚版九十六期）张拓芜先生所写的《闲中三题》谈到烟茶酒。这三种生活次需品都曾经跟我缔交了将近一甲子岁月。现在三者对我虽然有的已经成了君子之交，淡淡如也，可是提起往事，仍旧是其味醇醇、津津乐道。

烟

从小，我对于烟瘾大的人，走到跟前满身烟味，非常厌恶。有些同学一支在手喷云吐雾、怡然自得的意态，我从来没有羡慕过。

离开学校，到武汉就业，正当民国二十年武汉大水过后，疠疫猖獗，我不是感冒就是泻肚，反正市面上有什么流行病，我都有份儿。笔者的一位好友刘学真医学博士是汉口的名医，他给我仔细一检查，原来我的五脏六腑非常柔弱，经不起一点外邪，完全失去了抵抗力，只要发生了流行感冒，我就得如斯响应打针吃药一番。他给我配的药是一磅装的褐色药粉，外送三B烟斗一只，让我每顿饭后抽一斗。等一磅药粉抽完，再去取药，他说你不必再用药，买一磅烟味最淡的"金牛"牌烟丝来抽，你以后自然就百邪不侵啦。果不其然，自从叼上烟斗成了瘾君子后，真的什么病痛也不沾身了。

　　我的工作原来是经营麦粉、水泥、火柴稽征业务的，因为学会抽烟，能够试吸烟类，就改调卷烟、雪茄、烟丝跟烟类有关的稽征业务，为了业务上的需要自然而然又抽上了雪茄。雪茄烟种类繁夥，大致可分三类：荷兰清淡，哈瓦那适中，吕宋强劲。不管雪茄如何清醇香淡，要跟纸烟来比，那就强烈厚重多啦。工作方面越做越熟练，烟瘾也就与日俱增。过了不久上级调我品评烟质，核定税级工作。这项吸评工作非常艰巨，担任吸评工作同人，每人办公桌前，排满了欧笃、李施德霖一类漱口水，试吸一支新牌香烟，就要用药水漱上半天，才能试吸别的牌子。我虽不抽香烟，可是为适应工作需要，也不得不勉为其难啦。所以我的抽烟历史是由烟斗启蒙，雪茄次之，最后才抽卷烟，由强而弱，烟瘾之大是可想而知的。

初来台湾，干的仍旧是与老本行有关的制烟工作。当时省产香烟，普通的香蕉牌，较好的是红乐园。香蕉烟是受了日本制烟系统的影响，有一种强烈的低级脂粉味，不但难闻，而且刺喉；红乐园虽然味稍平淡，无奈包装图案设计，上红下蓝，好像穿着红棉袄蓝棉裤的村姑，粗俗之极。其时台沪海运尚在蓬勃发展，于是上海制品以及舶来品洋烟纷纷跨海而来，大事倾销，幸亏台湾为配合商展，出了新牌子香烟新乐园、绿岛。绿岛是薄荷烟，只为美观外包玻璃纸，烟支未包锡纸，容易走味霉变，未能打开销路，终于停制。新乐园包装虽欠美观，可是用锡纸包装，烟味醇和，对了瘾君子的胃口。甚至当时财政厅长任显群不抽洋烟专抽新乐园，并且亲自问我，新乐园的原料里是不是有吗啡成分，为什么抽惯了新乐园再抽别的烟，很觉着有点儿苦涩不对劲？后来我们获得一批广东南雄烟叶，于是斟酌配方，出了小华光。当时空军有个八一四牌香烟，局方又循海军之请，出了一种美式香烟大华光，包装设计一切仿效蓝锡包。新品刚一上市，曾经被当时工业委员会主任委员尹仲容先生误为舶来品香烟。嗣后又研究出了双喜牌供应市销，原只准备每月出产一万支装八十箱的，后来因为抢购发生了黑市，每月增产到两万箱还是供不应求。为了增强品质管制，那时还没有机器包装，完全用手工包装又怕包错了牌子，只好一批一批地试吸检查，简直把舌头都抽得麻木了。有一次中日双方在台北有一次重大会议，日方拿出来的PEACE牌香烟是五十支纸装的，虽然我们在会场供应的二十支装纸包双喜深受日方与会人士的喜爱，可是总觉得在这种济济多士的盛会，我负责全省香烟制造，没能拿出罐头香烟出来待客，衷心至感惭恧。等把五十支罐装宝岛香烟研究成功上市行销，我才从工作岗位上撤退，改行种烟工作。既然跟烟没脱离关系，烟斗、雪茄、香烟仍旧不离嘴，整天烟云缭绕抽个不停。到了公元一九六八年十二指肠大量出血，经过手术之后，就跟烟毅然绝缘了，烟斗、雪茄一齐送人，到现在戒了十多年的烟，什么烟类也没沾过嘴唇。

从前烟友林语堂先生跟我说过，能够一下断了烟而不再抽的，是谓忍人，他绝不交那样的朋友。幸亏我断烟时在屏东，他住台北，彼此没碰面，过没两年他就驾返道山，否则他知道我义无反顾，悍然断烟，我岂不是要失去一位烟斗同好而又幽默的益友了吗？自从断烟之后，任何场合有人抽名贵香烟，尽管氤氲满室，我都毫不动心，不过偶或闻到极品烟丝、特级雪茄，我那不波的古井，也泛起了些微漪。我想是先天的劣根性又在心头忐忑作祟了呢！

茶

谈到茶，我自认是明朝屠本畯所撰《茗笈》上所说一吸而尽俗莫甚焉的蠢材。打从束发授书，就鄙开水而不喝。老师每早必由书童奉上香片一瓯，也就另用小茶壶，给我沏上一壶闷着。等上完生书，茶叶正好闷出味儿来了，不冷不热正好一饮而尽，所以养成牛饮酽茶的习惯。

香片茶究竟什么年代问世的，已经无从考证，不过从明朝王象晋所著的《群芳谱》中茶谱记述制茶方法来看，明朝已经有香片茶了。他说："木樨、茉莉、玫瑰、蔷薇、蕙兰、莲、橘、栀子、木香、梅花皆可作茶。诸花开时，摘其半含放蕊之香气全者，量其茶叶多少，摘花为茶。三停茶，一停花，用磁罐，一层茶，一层花，相间至满，纸笽系固，入锅重汤煮之，待冷，用纸封裹，火上焙干收用。"这种古老制法，跟现代制法不是大同小异吗？

因我爱喝香片，所有南友北来，我都用香片待客。我到南方探亲访友，也都是以北平的香片茶作为馈赠礼物。受我感染，南方朋友喝青茶、红茶而改为香片的大有人在。香片是熏茶，又叫窨茶，就是用花浸过再熏的意思。当年北平茶叶铺卖香片茶叶讲究多少铜元一包，每包够沏一壶，包装纸上都印有茉莉双窨红木戳。您到戏园子听戏，凡是不吝小费的主顾，茶房给您沏来好香片，必定把包装纸系在茶壶嘴上，表示给您特别用的好茶叶，少不得要多叨光几文小赏了。

照《群芳谱》所载，花茶有二十几种之多，现在仅存的不过三五种而已。茉莉花茶北平熏制的特别好喝，可是在上海喝当地制的茉莉花就不对味啦。在上海，珠兰花熏得比较好，在苏州要喝玳玳花茶，福州喝水仙花茶，这是茶中隽品，这大概跟花的产地有相当关系。北方喝花茶，几乎清一色都是茉莉香片，可是依据典籍记载："茉莉花原出波斯，移植南海，滇广人喜栽莳之，花性畏寒，不宜中土……"曾经请教过一位管理花厂子的掌柜，据他说："茉莉花品种甚多，优劣各异，制茶高手，闻望便知。北平茶行熏茶所用茉莉全部都是自己花匠（他们叫把式）在丰台温室培植的，实在数量不足，才在初窨偶或掺点儿洛阳茉莉。会品茗的茶客，茶一进嘴就能察觉出茶叶熏得不地道了，所以茶行不是万不得已，就连初熏都不肯用洛阳茉莉。"

从前在广和楼听富连成科班，有一位干瘪瘦猴卖茶的老头儿，手提一只旧瓦罐，上头罩着一个百孔千洞的棉布套。差不多在中轴子武戏一下场，他步履蹒跚地走过来，从壶里给您倒上一杯滚热的香片茶来。这杯茶浓淡合度，甘香适口，喝下去真是如饮甘露一般的舒服。等大轴子唱到一半，他又来奉茶一巡，仍旧是又烫又酽，并且抽出一张黄纸，这是他从后台木牌上抄下来的第二天戏码。彼时戏报子上只写"吉祥新戏"，要想知道明天什么角唱什么戏，您要先睹为快，全凭他那张黄色茶叶纸啦！戏单看完，您掏个一毛两毛他就心满意足道谢而去。也许那时候年纪轻，到现在仍旧觉得那位苦老头的香片茶最过瘾了。

宣统出宫后，故宫清理善后委员会曾经在神武门出售一批剩余物资，有大批云南普洱茶出售。先祖母说百年以上的古老普洱茶可以消食化水，治感冒、风湿，价钱比中等香片还便宜，所以买了若干存起来。到了冬天吃烤肉，吃完有时觉得胸膈饱胀，沏上一壶普洱茶，酽酽地喝上两杯，那比吃苏打片、强胃散还来得有效呢！

来到台湾，最初只有文山茶，虽然粗枝大叶，尚堪入口，后来大陆来的人多数喜喝香片。虽然本省熟谙茶道的人士，认为花茶"助香夺真"是一种低级茶，可是嗜者众多，在外销出口数量上比重很高，所以花茶制造经过精心研究，比较以前已经大有进步。近年来乌龙茶突然走时，极品冻顶乌龙要卖上万台币一斤，简直是骇人听闻了，其实说穿了也不过是福建武夷移植进来的别种而已。最近台大教授刘荣标研究出茶叶可以抑制带癌细胞的蔓延，并以乌龙茶功效尤著，今后乌龙茶的销路可能更趋升腾。我有一位朋友是乌龙茶制茶专家，他说起乌龙茶的历史来，几天都说不完。让我喝乌龙浅尝则可，喝久了就觉得不过瘾，还是痛痛快快喝几杯小叶香片才感觉心旷神怡。至于喝功夫茶，谈谈茶道，那都是文人墨客的雅事，我这只知牛饮解渴的俗人，是没有资格参加的。

酒

我从小就跟酒结了不解之缘，牙牙学语的时候，大人用筷子头蘸点儿高粱酒让我咂一下，不但不怕辛辣，而且觉得津津有味。先祖母善制广东鸡酒，说是可以益气补中，小孩更能强筋健骨。我从束发入学，每逢做了鸡酒，总少不了我的一份儿。先君早故，我在十六七岁就要顶门立户，跟外界周旋酬应了。觥筹交错，自然酒量也逐渐增大，三几斤黄酒似乎还难不倒我。

北平品酒名家有位傅梦岩先生，是前清度支部司官，一生别无所嗜，只好收藏佳酿。

他家窖藏最名贵的酒有七十五斤坛装陈绍，据说是明泰昌年间，绍兴府进呈御用特制的贡酒。据说酒醴成醪，琥珀凝浆，黄琮似玉。这种酒膏，要先出一汤匙，放在大酒海里，用二十年陈绍冲调，忌用铁器，用竹片刀尽量搅和之后，把上面浮起的沫完全打掉，再加上十斤新酒，就可以开怀畅饮了。如果浓度太高，中酒之后，能沉醉几天不醒呢！他家一年一度的品酒会，由一桌增为三桌，佳酿传遍远近。当时市财政局局长杨荫华也是初出茅庐好酒之徒，怂恿我跟他一同参加梦老的酒会。酒会定有酒例，入会之人，先干主人所备陈绍一觥，然后随众入席。这一觥也不过能容一斤左右的酒，当时我们两人的酒量都在三斤以上，我俩一同举杯，有如长鲸吸百川一饮而尽，然后入座。谁知头菜吃完，我们便昏昏欲睡，等上第二道菜已经先后溜桌，所幸还没当场还席。后来才知道，我们第一觥酒里，掺有一小酒盅四十年陈绍，可见陈年好酒是多么容易醉人了。

　　经过那次大醉，酒兴更豪，碰巧我的表兄王云骧也正对酒发生兴趣。有一天他忽发雅兴，想出了一个绝妙喝酒方法。当年北平西长安街饭馆林立，以春字为市招的有十多家，于是他约了两位酒友，每人坐一辆门口的熟人力车，从西长安街把口的四如春起，逢春必入，每人花雕半斤，只点一只下酒菜，吃完就走。接着西湖春、大陆春、新陆春、春园、宜南春、庆林春……一直喝到府右街的美华春西餐馆。一进门就要花雕，一号茶房领班老王看大家步履蹒跚醉眼蒙眬，酒意已浓，给开了两瓶啤酒。喝完出门，啤酒上溢，小风一吹，真是车如流水般，相继出酒。第二天被家姑丈王嵩儒知道，他出了一个诗题"醉遍长安十家春"，用辘轳体，罚我跟云骧各作律诗四首。诗虽不记得了，可是经过这次教训，从此再也不敢酗酒丢人了。

　　光复之初，刚到台湾，酒厂制造出来的

酒，种类倒是不少，什么太白、红露、米酒、橘酒，不是有股子怪味，就是香气太浓，能喝的只有清酒跟啤酒而已。既没有合口的美酒佳酿，所以凡是应酬场合，都是浅尝辄止。后来花雕问世，埔里酒厂的厂长张润生兄想跟我赌酒，每人要喝零点六公斤装的一瓶花雕，等我两大碗老酒下肚，他才知道找错对象，我是不可轻侮的了。我自从十二指肠手术后，烟固然是坚壁清野，酒也举杯为敬，所谓烟、茶、酒闲中三种生活次需品，烟已成了拒绝往来户，酒变成了中小企业，只有茶，仍旧保持前贤王肃、刘缟之风，遇到极品香片茶总要牛饮一番尽兴呢。

抽 烟

　　一个人在闲下来时候，悠然怡然点上一袋烟来抽抽，那种闲情逸致，不是瘾君子是没法体会出来的。

　　抽旱烟、抽水烟虽然方式不同，可是怡情悦性的乐趣是并无二致的。就拿抽旱烟来说吧，这根烟袋讲究可多啦。北方人抽的旱烟袋俗称"京八寸"，长不过尺，为的是携带方便，别在腰里也不妨碍干活儿。南方人抽旱烟的，不是老封翁，就是老太君，一锅烟装瓷实了自然有小厮、儿媳们点火，所以烟袋杆长点儿没有关系，有时候还可以挂着当拐杖呢！京八寸讲究用乌木当烟杆，不但不怕磕碰，而且经久不裂；南方喜欢用竹竿或漆杆，因为漆跟竹子都出在南方。烟袋嘴儿北方喜欢用玉石或烧料的，有些好讲究的用玳瑁、虬角、象牙、翡翠等，花样可多啦。至于烟袋锅子，虽然大小各异，可是一律都是红铜或是白铜的，当年自称"皇二子"的袁寒云有一只白海泡石的，可算是绝无仅有的一只烟袋锅了。

一般人抽的烟叫旱烟，我曾经向南裕丰（北平南裕丰、北裕丰是全北京城最大的烟儿铺，专卖各种烟类、槟榔、砂仁、豆蔻）老掌柜请教过，他们潮烟、旱烟都卖，据说旱烟就是针对水烟而来的，至于潮烟这个名词的来龙去脉，连他们也摸不清楚。谈到旱烟自然是以叶子烟为主，有的加锭子烟，有的加关东烟，有的加兰州青条，有的加杭州香奇，于是旱烟有了杂拌、高杂拌之分。当然高杂拌混合烟的种类多，品质高，售价也高，算是高级旱烟。

抽旱烟，为了外出携带方便，烟袋杆一般都是以八寸为度。有些水泥工、木匠、瓦匠有时短到三四寸，别在腰里不碍事，叼在嘴里照样干活。在平津，妇道人家也有抽旱烟的，大概多一半是上了年纪的老太太们，烟袋杆最长不过一尺半。到了东北，可就有趣啦，大姑娘坐在炕头上抽旱烟的，所在多有。烟袋杆真有超过三尺的，不用下炕，装好了一袋烟，一伸手就够上地下的火炉子口，可以对火儿啦。苏北上年纪的老太太们，也喜欢用长烟袋杆，可是没看见有用乌木的，多半是用比中指粗一点儿的紫竹子。南方冬天喜欢用手炉、脚炉取暖，顶多用炭盆，抽烟当然没有地炉子点火方便。所以要抽烟，不是儿孙们点一根火纸媒子，就是点一枝火柴棒儿插在烟袋锅子里抽，虽然够气派，可是太麻烦了。

　　真正烟瘾大的人，黄河以北十之八九都抽关东叶子，即所谓台片，不但劲头足，而且消食化水；如果烟瘾不大的人，一口烟吸下去，能噎得半天缓不过这口气来。北平要买最好的关东叶子，一定要到南、北裕丰烟儿铺去买。有一次我在广德楼戏园后台，跟李万春、毛庆来聊天，聊到盖叫天《三岔口》有几个身段特别边式，毛庆来把他的烟荷包递给我，让我尝尝他的叶子口劲如何。抽旱烟跟闻鼻烟儿有个不成文的规矩，遇到同好，人家一递过烟荷包或倒出鼻烟儿来，你一定要装上一袋，闻两鼻子，否则就让人误会你是瞧不起人家了。我赶紧装上一袋，立刻点火来抽，果然兰薰越麝，馨逸沉纯。他的烟是大栅栏南裕丰买的，跟我买的是同一家烟铺，何以价钱一样，货色不同呢？敢情其中还有段掌故呢！早年大栅栏是戏园子密集区域，当然梨园武行朋友，来来往往川流不断。有一位武行朋友到裕丰买关东叶子出了高价钱，柜上一疏神，给包的是次货，一个不服气，一个不认输，于是闹了起来。武行人多，

1274

柜台前挤满了人，吵吵闹闹，闹得烟儿铺实在头大了，于是找人出来说合，条件是武行来买顶好关东烟一定要精选头等货色，所以他们抽的关东烟都是特别精选，我们去买花钱也买不到。庆来算自找麻烦，我抽的关东烟，从此就请庆来偏劳代买了。

抗战胜利后，资委会派我去热河煤矿工作，山区窎远恐怕买不到好的关东烟，除带了几大罐烟丝外，还带了两饼干筒的关东烟去。热河围场有位盟旗王子克拉钦诺，不但爱唱京剧，而且喜欢吃江浙口味的菜肴。有一天他派人请我带了我们票房的教习孟小如、孟之彦、胡老四到他防地去消遣消遣，住了三天。王子看我也抽关东烟，要过我的荷包装了一袋，抽了两口，立刻挽留我们再住一天，明早再走，他准备点儿好东西送我。第二天一清早他自己送来四挂烟辫子，每挂都有胳膊粗。他说："这种关东烟是我旗下宁古塔特产，每年出产不足三万斤，这是所谓真正关东台片。"我试抽一袋，烟味香纯沉厚自不必说，烟灰色呈银白，磕出灰来成团，久久不散。抽了若干年的烟，这种烟既没见过，更没抽过，我送了孟小如一挂。他不愿独享，分寄杨小楼、余叔岩各一包，他们收到之后，宝贝得不得了，回信说，每逢吃得油腻太饱，抽上两袋，立刻油退滞消，比吃胃药还灵呢！

北方人以抽旱烟为主，南方人在北方做京官的多半是抽水烟。水烟袋起源于旱烟袋之前或以后，目前已无从查考，不过这种烟具，在清初"喜容"画像，已经在配景的茶几上，跟盖碗茶盅陈列在一起了。到了清末民初，从南到北，水烟袋已经大行其道。无论是仕宦人家，或是市廛商贾，只要闲下来，都喜欢持着水烟袋，怡然自得，喷云吐雾一番。当年南北各省，虽然都流行抽水烟，可是水烟袋的款式大小、长短曲直，以及凿纹镂花，技巧各异，南装北式迥不相同。一望而知，北式水烟袋，烟管稍长，弯度不大，式样厚重大方，通体都是云白铜打造，联系筒管地方的锦络丝绦，都力求大方素雅。至于南方所用水烟袋，大都是苏州产品，所以称之为苏式，尤其妇女所用，不但小巧玲珑，而且嘴弯而短，看起来秀丽娴雅，携带更为方便。听说当年上海北里名花林黛玉，有一只纯金打造坤用水烟袋，嬴镂雕琢，夺光灿目，丝络上缀以明珠翠羽。她给客人点火装烟，姿态妙曼之极，后来她送给她所昵伶人路三宝，路还什袭珍藏秘不示人呢！广州有一种烟管特长的铅制水烟袋，大家给它取名"仙鹤腿"，这种烟袋是专门给使奴唤婢的大户人家使用的。老爷们与来客秘谈，太太们与闺友雀戏，就用得着这种仙鹤腿水烟袋啦。至于《儿女英雄传》说部，安龙媒在淮南的茶馆里看到能够伸缩、长逾数尺的水烟袋，抗战胜利之后笔者在苏北泰县一家茶馆里还看见这种卖水烟的人穿来穿去给客人装烟，不过烟袋上东补一块铁，西焊一角锡，百孔千疮，已经惨不忍睹。现在事隔三十多年，恐怕早被淘汰掉了。

抽水烟的烟丝，不但种类繁夥，南北也各不相同。北方人抽水烟，烟丝以冀东产的锭子烟为主。也有抽潮烟的，这种潮烟是否广州东潮州产品，就不得而知了。烟儿铺卖的潮烟，小包斤半，大包三斤，压得瓷瓷实实的，都是用裱心纸包装，外加字号水印。烟丝细而且干，打开纸包掰下两块，放在小瓷缸里，用潮润过的湿布把它闷起来回润方能再抽，否则干辣呛人，无法下噎。如果赶上有文旦、白柚的时候，把文旦切去顶皮，剥掉果肉，把烟丝装在整只文旦皮里，闷上半天再抽，则烟蕴果馨，柔香发越，说不出有一种怡然妙曼的味道。地道平津土著，抽不惯潮烟，说是抽潮烟容易生痰，于是有人抽锭子烟加兰花籽，倒也清淳浥润。实际抽水烟最好是福建的皮丝烟，有些南人客居北地，总要托人到福州带几包丹凤牌皮丝烟来抽，也有人怕生痰加上点兰州青条，或杭州的香奇来抽，不但增香助燃，而且味薄而淡，倒也别有一番风味。当年郭啸麓、傅藏园、郑苏堪、凌文渊、罗瘿公、黄秋岳、周苍庵、管平湖，一些久住北平的文艺界知名之士，他们在中央公园春明馆组织了一个耕烟雅集，研究出二十多种水烟的配方，连龙井茶的碎末儿、檀香粉都列入配方，每年春秋佳日各燕集品评一次。前些时在鹿港文物馆，看见有两只水烟袋，已列为多宝格里古董，回想当年北平的耕烟雅集，大家在闲中岁月品烟的豪情雅兴，如在目前，可是屈指一算，已经是半世纪以前的事了。

漫谈香烟

　　香烟的种类和烟叶的品种都有很多种，即使是老烟枪，也未必知道。

　　在台湾，大家经常抽的香烟除了省产香烟外，也只有英国式和美国式两种洋烟，俄国式或土耳其式香烟在台湾是不易见到的。

　　俄式香烟的香味比英美烟冲，烟草产在寒冷地带，用的香料也有别于欧美各地。没抽过的人或香烟瘾不大的人吸进一口俄式烟，会感觉口腔辛辣浓烈，喉管和肺部也会觉得承受不了，瘾君子把这种俄国香烟叫作"黑老虎"。俄式烟比一般香烟细，长度也只有四厘米，每支烟都粘着一段六厘米长的纸嘴，慢慢抽惯了，反而觉得抽别的烟不够刺激、不过瘾。

土耳其烟是世界名种

土耳其式香烟大致分圆的和扁的两种，烟支上的钢印讲究图案复杂，纹理精细不苟。烟嘴也经特别研究，分成竹片、芦管、金纸和银箔等几种。女用香烟烟嘴更用各色各样的丝绸彩缎来卷制。五四时代的作家郁达夫曾经说过，天下最令人恶心的颜色莫过于擦口红的女人抽过的烟屁股，残红斑驳地搁在烟灰缸里。如果红妆少妇抽的是土耳其式女用香烟，就不会有那种恶形恶象了。

美式香烟也掺有少许土耳其烟叶，美国曾经想尽方法来移植栽培土耳其品种烟叶，甚至在农业部指导下成立了土耳其烟叶研究所。他们花了许多人力和财力，种出来的烟叶香味仍然赶不上土国产品。台湾虽也曾引进土耳其种子，试种了几年，始终停留在试种阶段，没法推广。喜欢土耳其烟的人说它有一种迷人的香味，不喜欢的人说它有一种臊烘烘的怪味，不过抽惯了土耳其烟的人就不再抽别的烟了，却是一点也不假的。

土耳其烟在台湾种得不理想，美国人把几种中国烟种子引到美国去种也不成功，其中有一种是关东叶子烟。从前北方人抽的旱烟袋大半是用关东烟。北平有一种烟儿铺，是专卖关东烟、水烟和皮丝烟的，它的门口幌子上写着"关东台片"。其实真正台片出在关外的宁古塔，是一位盟旗王子辖下的土地，大概只有一顷多地，种出来的烟叶才是真正的台片。

关东台片能帮助消化

这种烟一进嘴，就有一种力量往喉管里顶，让人透不过气来，味道虽然辣，后味却是辣里带香甜。关外人讲究吃烤牛羊肉，假如觉着吃得胃里发胀，只要来上两口关东烟，准保消食化气，比吃什么肠胃散都来得快和舒服。民国初年到中国来考古的福开森就把关东烟当消化药用。真正好的关东烟抽完一袋把烟灰一磕，银炭似的一团烟灰掉在地上聚而不散，据说这样就是真正的关东台片了。

另一种是四川金堂烟，抗战时期到过大后方的人都知道这种烟，它既可卷起来当香烟抽，又可以揉碎了当旱烟吸。国民党元老于右任先生就是抽惯金堂烟的，他到台湾之后，抽不到金堂烟，时常引为憾事。

还有一种兰州的青条，颜色碧绿，叠置加湿，是用古法刨成细条，装在水烟袋里抽的。抽惯水烟的人说抽皮丝烟容易生痰，如果掺上青条，就有中和作用，不会生痰了。青条也有一种引人上瘾的特有香味。

有一种烟叫香奇，是浙江杭州的特产，也是揉在水烟里的。香奇颜色金黄，切成细丝，香味沉郁，燃烧力极强。上了年纪的人，抽水烟都少不得要掺点香奇，助燃助香，还能冲淡烟的辣味。

上面这四种烟都是中国大陆各省的特产。这种烟叶在美国种不好，在台湾也没法种，大概是橘逾淮而为枳的道理。世界著名的烟还有吕宋烟、荷兰烟等，种类又分烟丝、鼻烟和口嚼板烟等，一时说之不尽，留待瘾君子自己慢慢去体会吧。

香烟琐话

　　笔者从小对于烟酒就有兴趣，只要闻到兰薰越麝的荷兰雪茄烟，香味杂错的英式板烟，郁郁菲菲，总有说不出的感觉。可是家规甚严，不到二十岁是不准抽烟喝酒的，于是把兴趣放在收集香烟的零碎上来了。首先发现家里男女用人以及门房、打更的、厨师都抽一种鸡牌香烟。薄薄淡青的铜版纸，正中印着一只红冠铁距的大公鸡，套内放着五支香烟，另外附有五枚加蜡纸烟嘴。大约是蜡嘴有损烟的香味，大家都弃而不用。所以我就把这些蜡纸烟嘴接连套起来留存，可以套成一两丈高而不翻倒。

不久出了一种大喜牌香烟，每包由五支增为十支，附赠的蜡嘴改为竹嘴，把竹嘴围在中间，成圆柱形。虽然不能再套起来玩，可是这种竹子嘴拿来吹肥皂泡儿非常之好，比用竹笔帽来吹，泡儿吹得圆而且大，还可以甩出去，历久不破。我一存也是几大盒，有些小朋友跟我来要，就慨然相赠，大家一同玩起吹泡泡来，以为笑乐。

后来街头巷尾到处贴的都是香烟海报，海报上一只翠鸟旁边，写着一个斗大的"烤"字，大家都猜不透其中有什么猫儿腻。谜底揭晓，原来做香烟所选用的烟叶，是经过烤制的，也就是现在所谓经过复熏的；说穿了，未经过复熏的烟叶，是不能卷制香烟的。因为"烤"字海报宣传成功，于是市面又发现大红鸡蛋海报。过了不久，蛋破儿出，大家才知道，是大婴孩香烟创牌子。

到了民国十年以后，由于制造香烟利润丰厚，除了英美、南洋、华成三大卷烟公司之外，一些小型烟厂也如雨后春笋般纷纷成立起来。到了民国十五年，财政部成立卷烟特税处，由陈叔度担任处长，制订卷烟特税条例，限制在上海、汉口、宁波、天津、青岛五处设厂。种植烟叶要申请许可，舶来烟叶、卷烟用纸也都加以严密管制。卷烟由特税改为统税，卷烟管理才算是上了正式轨道。

为了营业上竞争，先是每五百支装一大盒，奉送十四寸风景画片一张；可是一般吸烟者，都是买一包二十支装抽完再买，所以效果不彰。于是把画片缩小，装在二十支装纸盒内，最初不过是山川文物、花鸟虫鱼一类图片。后来各卷烟公司广告宣传竞争日趋白热化，先有成套民间歇后语、俏皮话画片，继而《三国演义》《水浒传》《封神演义》《西游记》愈画愈精。不但小朋友互夸搜集之精，就连成年人也有收集成癖的。

据传说每套画片，都有一两张特别稀少，甚至从阙。例如三国里的诸葛亮，水浒里的宋公明，封神里的姜子牙，西游里的唐玄奘，一百套里难得放入一两张。当时一些搜集成套画片的朋友跟我说，凑齐全套实在困难。不过后来我跟英美、南洋、华成几家大卷烟公司负责人王者香、石雅三等人谈过，他们说公司都有自己的印刷厂，画片整套装匣装箱，目的是吸引顾客抽烟中奖，奖金奖品早已在利润中剔除，任何人得奖，对公司是丝毫无损的。不过零售商为了提高吸烟者兴趣，偶或在其中动了手脚，也不说是势所必无的事。不过这种事，也就是万中之一二而已。

这些画片虽非出自名家手笔，可是它们的作者自成一派，画人物风景，也都各有专长。听说画《西游记》的是山东海阳一位专门画神像的杜某，在胶州湾是赫赫有名的画匠，他看《西游记》入迷，所以他画的《西游记》里的人物特别传神。他画一套《西游记》画片三百二十张，要价两万现大洋，还要把他儿子送进公司当稽查。这个代价在民国十几年，的确是令人咋舌的。

华成出了一个香烟牌子，大概是叫大联珠，烟盒里采用的画片，都特别精细。有若干瘾君子，从别的牌子改抽大联珠，为的就是要收集画片。我有一位朋友是天津青县土财主，那就更妙啦。他根本不抽香烟，香烟送人，自己只留画片。上海有一家华比烟公司出了一个新牌子叫美伞，他家画片采用的是《红楼梦》，请当时上海画美女月份牌儿的郑曼陀，预定是二百张，画到元春归省。郑曼陀宿疾发作，无法继续下去，一共画了七十五张。据亡友孙家骥生前告诉我说，在大陆藏有七十五张者不足十人，在台湾恐怕只有他手上的，是唯一的一套，已成岛内孤本了。他本打算拿来给我看看，可惜他龙光遽奄，这套瑰宝现在也不知滚落何方去了。

五十支装罐头香烟，也有它的推销手法。有一种舶来品爵士牌香烟，罐内不装纸画片，而装鸭蛋形珐琅画片，什么雅典庞贝古城、罗马斗兽场、万神殿、圣彼得大教堂、佛罗伦萨美第奇宫、奥地利音乐之城维也纳、阿尔卑斯山雪景、巴黎卢浮宫、西班牙斗牛、英国大英博物馆、荷兰小人国……不但取景绚丽，而且烧制得线条细腻、色彩柔和。北京国画家萧谦中，觉得这些图片，虽然是西洋风景，对他作画布局、设色助益良多。他以三年时间，搜集了这种珐琅片多达四百余件，世界各国名胜地区网罗靡遗。据说他这些宝贝，都是由东西两庙一个专门买卖香烟画片、叫"德子"的给他趸摸来的。他有一张马德里普拉多美术馆拱门画片，是以十二块银圆才买到手的，长不足三寸的画片，花了十二块大洋，一般玩画片的，都认为在当时是空前大手笔了。

珐琅片时兴过一阵子之后，福禄克罐装香烟又换了新花样，罐子里附有长仅寸余丝织的万国旗，龙纹凤彩，披锦捻金，也有人搜集为乐。有一种听装麦乐根香烟，里面附赠奇禽异兽缎子画，成了画炭画的瑰宝。其后中国各卷烟公司所出罐装烟也添了彩头，白金龙牌香烟，听子里放了一块现大洋，大约买一打罐装烟，准可开出三两块钱来。因为银圆在罐内重量增加，而且一摇有响动，老于此道者摇后再买，因此发生了若干纠纷。公司方面改变方法，把中南银行出的一元钞票折成方块儿，扣在罐里烟碟底下，投机取巧者也没辙了。一直到七七事变，仍然维持不变。华北被日军占领以后的情形，就不得而知了。

民国十九年上海成立了一家叫华光的公司，他们搜集了不少外间不常见的电影女星照片，一律放大十六，加上硬纸衬底，买他家出品的华光听装烟一打，送照片一帧。先慈抽了几罐，觉得烟质柔和，香不呛人，于是不抽白金龙，改抽华光。大约一两年之后，附赠明星照片，积了有几十张之多，都堆在书房书架子底层。有一天舍下看坟的（俗称坟少爷）进城来商议坟地阳宅修盖之事，他说他也有这样一张大美人照片，村子里的人剪头发、做衣裳，都抢着来看看照片照样剪裁。想不到府上有这么多张，能不能给他两张带回去。我正愁这些赠品照片无处可放，有五六十张，一股脑儿都让他带回去了。第二年清明我去祖茔扫墓，村子里少男少女，都围了过来，直着眼睛看我。后来才知道坟少爷跟村里邻居说，这些照片上的美人都是我的女朋友，所以大家都拥来看看我是怎样一个人物。这个玩笑说大不大，简直耍得我啼笑皆非。

一般懂得抽烟的瘾君子，除了注意香烟味是否醇和、顺口，还特别注意烟支上的钢印。当年北大教授钱稻孙、叶企孙两位，都是对烟支上钢印极有研究和爱好的，只要看见新的卷烟牌子问世，就必定买一包回来，抽出一支把烟丝剥掉，将钢印纸用贴存簿保存起来。钱先生的日本朋友，知道他喜爱烟支钢印，在日本给他搜集了五百多种。叶先生则有英、法、意、德四国烟支钢印三百多种。英国人抽烟讲究情调，喜欢边抽边看钢印，所以英式香烟钢印设计典雅，线条复杂，纹路细致，比美式粗枝大叶的钢印就精致多了。笔者当年在卷烟特税处负责审订卷烟税政，各烟草公司有新品香烟问世，或是舶来卷烟进口，必须让我来吸评，我除了自留一份钢印做参考外，另留两份分送钱、叶两位，所以他们二位搜集钢印也最为完全。

台湾光复之初，台北只有台北、松山两家烟厂，同时卷制香蕉牌卷烟。两厂所产烟支上钢印是仿小三炮台格式，上面是BANANA，下面是制造厂名，烟的配方虽然一样，可是技术上，见仁见智就各有千秋了。因为手法不同，烟的香味就略有差异，一般老枪们在买烟时就有所挑拣了。专卖局先是包装封贴不印厂名，让购买者分不出哪个厂产制，后来有人献议，最好把烟支钢印上的厂名取消，就免得大家挑精拣肥了。幸亏有几位颇识大体的人，期期以为不可，理由是如果取消厂名，光秃秃把 BANANA 六个字母横印在烟支中间，不但有损美观，而且卷烟钢印用小形铅字体的，尚无先例，全世界的香烟只有骆驼牌是五个字母用花体字印成半圆形的。经过一番激辩，总算把香蕉钢印暂时维持原样。过了几年，松山烟厂出了双喜牌香烟，钢印上红双喜字加道红圈，后来不知什么时候，香蕉烟的钢印也改成圆圈了。

　　早些年私制卷烟最猖獗时期，台中的丰原、嘉义的斗六、屏东的东港，因为靠近产烟叶地区，都成了私烟的大本营。卷制的私烟，不但烟丝金黄，烟味也还柔和，只是卷制时没能掺点烟骨丝，所以烟丝总是软趴趴的。至于烟支上的钢印，不论什么图案居然仿刻得几可乱真，只有仿手写体的钢印，笔姿神情无法酷肖，一望而知，真假立辨。所以松山烟厂出品的新乐园英文字，就是写好再刻的；金马牌香烟，"金马"两字是请现代草圣于右老写的，都是无法仿效的。后来烟厂产品牌名增多，不知道是刻钢印的工人偷懒，或是设计人员见不及此，大部分钢印都改用圆圈，甚至高级烟长寿牌也不例外。好在现在私卷香烟早已绝迹，公卖局出品香烟是独家生意，也不必再在钢印上动脑筋了。

　　不过我们一般老枪，想起昔年茄力克、克蕾斯、白政府、小五华那缧绸套彩、敷色捻金的细巧钢印，还有些莫名的向往呢！

谈烟斗与抽板烟

舍下虽然是烟酒世家，可是家规很严，男孩不到及冠授室之年，是不准抽烟喝酒的。笔者学校毕业，于役武汉，还是口不吸烟、酒不沾唇的。黄河流域生长的人，乍到长江流域的城市，不服水土，那是免不了的。可是汉口这个地方，可也真怪，三九虽然不下雪，一到刮西北风就下小冰珠，就是《诗经》上所说"如彼雨雪，先集维霰"的"霰"。穿着皮袍，坐在四面透风的屋里，就是炭盆里火焰熊熊，也老是觉得寒气袭得难受。到了夏天，可就更难熬啦，白天不说，到了傍晚儿，滚滚江流，蒸郁溽热，第一纱厂的烟筒，在月光映照之下，像一条银色的玉柱直射斗牛。怕热的人，除了到各大旅馆的屋顶花园品茗纳凉之外，只有花上十毛小洋，雇一辆敞篷马车，在江汉关沿江一带的马路上，兜兜风打个盹儿，不到天快亮，您是别想能真正睡会儿觉的。在这种严寒酷热气候之下，外头闹霍乱，我就得泻几天肚子，市面上有流行性感冒，我也得鼻涕眼泪流个十来天。笔者有位好朋友刘学真，德国医学博士，是武汉红牌西医。给我仔细一检查，发现五脏六腑过分纯洁，经不起一点外邪，完全失去了抵抗力，只要有流行病，我就得响应一番。诊断结果，送了我一磅罐装褐色药粉，一只"三B"烟斗，每餐饭后抽一斗，等一磅药抽完，我再去取药。他说买一磅烟味最淡的"金牛"牌烟丝来抽，以后就百邪不侵啦，果然自从叼上烟斗，真的什么病痛也没有了。所以笔者抽烟的历史，是板烟开蒙，雪茄次之，最后才抽卷烟。卷烟虽然一支接一支地抽，上海人讲话，"当伊勿介事"也。

刘大医师不但医术高明，他对于烟斗的鉴赏搜集，也是专家。他有一间烟室，除了奇奇怪怪的烟斗、各式各样的烟丝外，凡是有关烟斗、烟丝的报章、杂志、专书一类的文献，他是分门别类，网罗靡遗。这间烟室不是抽烟斗同志，等闲不得越雷池一步。

据说最早的烟斗，是先用烧瓷，然后再改用木质的。英国是抽烟斗的发源地，抽烟所用的烟斗，最初是黏土烧制的瓷斗。起先因为烧瓷的成本太高，一般人都没有财力拥有一只自用瓷斗。有的人是三几位同好，出资合买一只瓷斗公用。旅馆的餐厅，为了招徕顾客，吸烟室里有专人管理烟斗，把瓷斗租给客人吸用，按时间收费。如果有人买一只新瓷斗，不但要大肆宣扬，足够他显摆一气，甚至于还有借此广宴友好，表示阔绰的呢。

自从英国人发明用瓷烟斗抽烟，不多久

这个风气就传入荷兰了，荷兰人不但大量仿造，甚至于假冒英国产品，还印上"Made in England"字样。荷兰烧瓷技术，不比英国差，在鱼目混珠、大量倾销之下，本来价值高昂的瓷烟斗的价格，就一落千丈了。英国瓷烟斗制造厂，一看千载难逢的机会来了，于是四处制造空气说，英国烧的瓷烟斗，用久了之后，烟斗上会产生一层自然美丽的光泽。于是在英国各地，巧立各种名目，举办瓷烟斗光彩比赛。这一下不要紧，投机的商人中吹嘘抽他的烟丝，烟斗可以提早产生意想不到的色泽，同时越抽得多，夐烟斗上更呈现绚练夐绝的光彩。所订的奖金又特别的高，抽烟斗的朋友，为了让自己的烟斗缘缡出众，赢得高额奖金，真有人夜以继日，除了吃喝睡觉，无时无刻，不是一斗在握，不断喷云吐雾地猛抽。刘学真保存的一份旧杂志上说，一位叫欧尼尔的画家，一个月抽了七十九磅烟丝，愣是把性命牺牲了，此外因争得奖金，猛抽板烟而送了命的，恐怕还不只欧尼尔一个傻瓜呢。后来政府知道这是烟丝商人所用的推销术，实在残酷，太不人道了，于是通令各地严厉禁止。从此瓷烟斗光泽比赛，才没有人悬奖举行，这种比赛也成了历史上的名词。

到了十八世纪初期，法国人也开始烧制瓷烟斗。法国人凡事都要讲求精致高雅的，所以法国烧出来的烟斗后来居上，不但烧制得精巧，而且聘请雕刻名手，镂出来珍禽异兽、奇花名葩，争奇斗胜。当时有位大诗人荷顿，甚至不惜重金，把他逝去爱人的容像刻在烟斗上，这只烟斗后来成了法国国家博物馆的一件珍品，这也算烟斗史上一段佳话。

人有悲欢离合，月有阴晴圆缺，瓷烟斗风行了将近一世纪，盛极而衰，物极必反，渐渐由木质的烟斗起而代之了。木质烟斗开始普遍流行，直到现在也不过是一百多年。在瓷烟斗出风头的时候，虽然也有木质烟斗了，不过当时大家都疯狂似的迷恋瓷烟斗，对于其他质料的烟斗是不屑一顾的。等瓷烟斗大家都玩腻了，这才一窝蜂玩起木质烟斗来的。

木质烟斗因为木头质料花样繁多，便于携带，再加上价钱便宜，一大量生产，不多久就把瓷烟斗市场整个给打垮啦。现在在台湾要找一只瓷烟斗，固然是大海捞针莫法度，就是在欧洲几个喜爱抽烟斗的国家，现在想买一只瓷烟斗，恐怕也要到古董店，才能踅摸到呢。

木材之中，可以做烟斗的有杜松、榉木、花楠、枫树、樱树、忆木、橿木等。带皮的樱木，到现在东欧国家里仍旧非常受人欢迎；忆木材坚质固，又是做弓把子的好材料；橿木是战车辕木的主材，因为都是产量越来越少，所以各国都严禁采伐来做烟斗，都留作弓辕专用木材啦。关于做烟斗的木材，要怎样条件，才适合制造烟斗呢？把制造专家、抽烟斗专家各方面意见，归纳起来有八项必备的条件：（一）木质要坚劲带韧；（二）轻而耐裂；（三）干燥却温；（四）能抗高热；（五）遇火不燃，且能隔热；（六）不管怎样点燃，绝无任何怪味；（七）常久摩挲之后，纹理莹澈，光泽耀眼；（八）木理分明，高雅秀美。以上所列各种木材，拿来雕刻烟斗，虽然都有所长，但是也都各有缺点，求其十全十美的材料，只有黑石跟布瑞尔两种灌木，能符合以上所说的八项原则。

这两种灌木，都是在人兽绝迹的深山峻岭、悬崖绝壁的石缝里头生长的，西班牙、意大利、德国、法国，以及地中海沿岸，都有布瑞尔、黑石生产，其中以乐葛本山里所产的木质最好，其次是科西嘉。至于阿尔及利亚所产的，木质虽然坚劲，毛病是容易崩裂。目前台北各委托行所卖的烟斗，黑石木的已经难得，真正布瑞尔的烟斗，少而又少，简直可遇而不可求。有时买一只烟斗，用不到一年，烟斗就起了裂纹，那大半是阿尔及利亚出品，非得是真正玩烟斗的大行家，一般人一眼是看不出好坏的。

黑石烟斗好在轻巧秀丽，布瑞尔烟斗贵在木纹细致。不过这两种树，本来就稀少珍贵，经过大家乱采滥伐，几乎等于绝种。虽然有人聘雇有经验的人，入山到处找新资源，可是直到现在也没有发现新的产地。

刘学真大夫在柏林大学读书的时候，他的指导教授毕鲁顿也是烟斗爱好者。他有一片山地，种植了十几株布瑞尔树。布瑞尔树做烟斗是取自树根而不是树干，所以经常要修剪枝干，让树根特别发育，以便取材。不过修剪的尺度、时间，也有研究，修得太勤，剪得太苦，都会影响根部的发育。如果根部生长过分迅速，坚而欠韧，反而制不出好的烟斗来。总而言之，一切都要恰到好处，过与不及，都不能蔚为上材。

制造烟斗，并不是有了好材料，马上就

动起手来。首先要量材器使，第一步先把木头削成烟斗雏胚，要放在干燥通风的地方，把木头里的水分，经过三冬两夏，让水分自然蒸发，彻底干透，才能动手制造。所谓名贵烟斗，全部都是手工制造，绝不借重机械，一道一道的手续繁复精细，没有十个月八个月，是做不出一只烟斗的。例如世界最著名的DUNHILL烟斗制造厂，全厂工人都是战后伤残者，每天出品烟斗一百只，每人限购一只，每天天一亮就有人排队购买。据说自从设厂到现在，没有卖过同样型式的烟斗。是凡玩弄烟斗的都这么说，大概所说不假。

制造烟斗讲外观，要把木纹线条的优点尽量利用表现出来。讲到实用，斗窝是最主要的部分，窝的大小深浅，烟道的宽窄高低，都要配置得毫无缺陷，让人一叼烟嘴，立刻感觉舌齿唇喉有一种气机通畅舒适的感觉。至于烟嘴部分，那讲究就更多了。胶嘴的软硬要适度，烟嘴的粗细、凸扁，要配合抽烟人的嘴形，胶嘴质料要光滑坚韧，不能一咬就有齿痕，不挂脏，不起粗纹。其实讲究卫生的，用蜜蜡烟嘴最理想，只要一挂烟油子，立刻就可以看出来，用绒探子擦干净，可惜就是蜜蜡嘴子不经磕碰。此外烟斗还有一点，最怕传热，凡是拿烟斗，都是攥着斗头，如果一袋烟没抽完，烟斗热得烫手，这种斗就没法用啦。还有烟斗要浸水不濡，日晒不裂，否则烟斗容易变形，而且随时发出怪味。以上所说的几点，虽然不能说完美周至，但是准此而行去选烟斗，大概总不致吃亏上当的。

有些抽烟的朋友，都知道抽烟斗在健康方面比香烟安全可靠，可是换抽烟斗不久，故态复萌，又抽回香烟啦，主要的原因是对烟斗使用保养，未能善尽其责。不是烟油子倒流，满嘴苦辣，要不就是烟斗阻塞，劫火易熄，辛辣刺舌，还有就是斗咧嘴崩，一赌气把烟斗扔啦。说实在，烟斗的使用保养是一门学问，不细心体会研究，是摸不着抽烟斗窍门儿，欣赏不到抽烟斗的情趣的。

凡是打算抽烟斗的朋友，一开始抽板烟，首先要买烟斗。虽然不一定买顶名贵的斗，可是也不应太马虎，总要买一个不大离谱儿的烟斗，来个开市大吉。买回一只新烟斗，当然是摩挲爱玩不置，但是千万不要用汗手去摸，更不要让烟斗沾水，否则表面一层油光，不能渗润纹理，不几天就黯然褪色了。

新买烟斗方圆、长短、大小，当然要跟自己体型配合。一个体貌丰伟的人，叼着一只玲珑娇巧的烟斗，固然看着别扭；可是袖珍男士，手上捧着一只樱木带皮又粗又长的巨型烟斗，让人看起来也觉着齐大非偶。可是有一项最要紧的原则，就是初次用烟斗的人，瘾头不会太大，不管烟斗外观如何，斗窝一定要秀气点，否则一袋烟没抽完，头晕欲呕，手脚发凉，先生醉矣，那多麻烦。

刚学抽烟斗的朋友，十位有九位犯一宗毛病，就是抽光一袋烟，喜欢把烟斗里的积灰，还有没燃烧完的烟屑挖得干干净净，行话叫"掏海底"。那您这只烟斗不管用多久，总觉得不过瘾，而且有烟斗漏气的感觉。人家烟斗，可以一斗在握，欣赏把玩；您的烟斗，一袋没抽完，就得搁下，不然烫手。所以一个新置烟斗，在开始启用三两天之内，抽完烟，积灰不要掏出来。烟灰积存太多，固然烟斗非常容易胀裂；要是烟灰留得太少，烟斗又容易传热烫手，所以斗里烟灰，最好留八分到十分之一左右就成啦。

　　往烟斗里装烟丝，也是抽烟斗的一门学问。烟丝不管是片、是粒、是饼、是丝，都要慢慢往烟斗里装，不可装得太满，尤其是片、粒、饼状的烟，压得瓷实，油性又大，点燃之后，烟会膨胀。烟斗装得太紧，劫火难燃，真的燃着了，烟一胀出烟窝之外，可就把斗边烧得乌焦巴弓，非常难看，而且浪费烟丝。如果烟丝真的胀出来，必须赶快用烟铲把它压平，压到不高出烟斗为止。

抽烟斗一停顿，或者跟人一说话，烟斗就很快熄火。如果真的熄灭，最好把烟丝全倒出来，把已燃烧过的不要，没燃烧的，等烟斗凉透，再把烟丝倒回烟斗里重点再抽。所以抽烟斗的朋友，一定要多准备几只烟斗，否则就不够使唤了。

　　在汉口有一家法国洋行，有一年圣诞节到了一批新式烟斗。有一种是一只大软皮匣子，里头各式各样烟斗一共三十一只，原意是让抽烟的人每天换一只，价钱虽然可观，要说种类可真齐全。刘学真是玩烟斗专家，我同他在这家洋行，转了好几趟，他仍旧没买，我问他原因，他说这家烟斗制造商完全是卖噱头，对烟斗的使用，并不在行。您想匣子里有户外烟斗、室内烟斗，譬如说您今天到郊外骑马，或者打高尔夫球，您当然是选一只短嘴的户外烟斗，叼在嘴里不吃力，携带也方便；可是回到办公室办公，或者参加正式宴会，您能掏出户外烟斗来抽吗？所以一天用一只烟斗的设计，是不切实际的，倒是一对一组，或者三只五只一组的，比较实用。

一袋烟抽完啦，磕烟灰的时候，把烟窝在指掌之间，轻轻磕打两下就成了，千万不能在硬东西上敲打，一不小心，窝咧嘴折，这只烟斗又报销啦。如果烟焦凝固磕不出来，要用挖烟斗专用的刀铲去剔挖，有人不顾一切，随便拿一把带尖的小刀去挖，那就伤了窝底啦。

烟嘴抽个十袋八袋烟，就生烟油杂质，阻塞通道，有人喜欢随便搓个纸捻来通，一不留神，纸捻断在烟嘴里，用小夹子、小镊子来镊，都会损伤烟嘴。既然抽烟斗，就要准备特制栽绒芯子，特制酒精，不时清洗通畅，虽然麻烦点，可是这是抽烟斗的应有工作，习惯之后，反而有一种说不出的乐趣呢。

抽烟斗的烟丝，虽然不外也是黄色种，栢莱、土耳其、叙利亚、罗德西亚几种烟叶制成的，可是在英、法、德、意、荷、西、比、瑞、丹几个讲究抽烟斗的国家，板烟的种类以形状来说，有丝、有卷儿、有片、有粒、有球。以配方说，除了香料各家有其独特秘方，特别保密，不让外人知道外，就是各种烟叶成分的配合，也是千变万化，各有不同。只有制造部门，极少数高级主持人才能知道配方内情。至于有些王室贵族、豪门巨富，更是每人按自己嗜好，特别配制的板烟秘方，清醇馥郁，逢到盛大的宴乐场合，醉饱之余，把同好的宾客，请到吸烟室，长条桌上，已经星编球聚，各种罍罃坛罐胪列满前，主人得意之余一一介绍自己的杰作，请客人吸评。客人临告别之前，一定要把自己烟包里的烟丝全部倒出来，把桌上自己最欣赏的烟装满烟包，向主人道谢而别，才算宾主尽欢。如果临别不把主人烟丝装点带走，等于主人家的烟不屑一吸，那是最不礼貌的事了。

从前在中国北平、天津、上海、香港抽烟斗的人相当多，所以世界各国名牌子烟丝，有百十种之多，都可以买得到。讲究的人把烟斗分类，抽什么牌子板烟，用哪一号烟斗，既不伤斗，更不串味。严格地说起来，既然玩烟斗嘛，虽然麻烦点，实在有此必要。

　　英国是喜爱烟斗的国家，大诗人丁尼生爱烟斗入迷，钢琴家罗博特也是整天烟斗不离嘴，可是两人有同样的怪癖，烟斗只用一天，明天就不要，送给自己的学生了，所以他们师生都是抽烟斗专家。古代美洲印第安人就知道用烟斗抽烟，在跟敌人搏斗，杀死一个敌人后，就由酋长在他的烟斗上刻一个花纹，等于授勋，花纹越多，表示他的战功昭著，越受人敬仰。在他死后这只烟斗一定随身殉葬，他们相信这只烟斗不随同殉葬，灵魂是不能升入天堂的。印第安人每个部落中，都有一只紫石雕刻的巨型烟斗，烟嘴就是五尺来长，用名贵兽皮包裹，各色丝带缠绕，插上珍禽的羽毛，供在神坛正中，世代相传，说是上帝主宰降临在斗上。每个部落，式样不同，纹饰各异。意大利有一位考古家，在印第安各部落，把不同的烟斗拍了有五十几张照片，真是光怪陆离，目迷五色。人家印第安人一看烟斗就知道是哪个部落，他们简直把烟斗当国旗使用了。

英国不爱江山爱美人的温莎公爵，虽然只吸香烟，不抽烟斗，可是最喜爱搜集烟斗，不过他的烟斗都是新斗没有用过的。麦克阿瑟将军，也是世界知名的烟斗搜集专家，他跟温莎公爵正好相反，他只收旧烟斗，新的不收。据他说搜罗的烟斗，分成两大类：第一类烟斗本身质料高贵，式样别致的；第二类是名人用过的烟斗。据他侍从说，他曾经把收藏的烟斗拍照，写了一本《烟斗谱》，可惜没等出版，他就撒手尘寰了。麦将军虽然有无数的名贵烟斗，可是他南征北剿，永远叼着一只老玉米棒子（玉蜀黍的轴）做的斗，在美国二毛五分钱一只，是最价廉的烟斗，您说怪不怪。私人搜集烟斗最多的一位是英国康莱德爵士，他有烟斗一万两千多只，聘有专人替他整理保管。其次伯明翰一位勃特勒格先生，也有八千多只烟斗，英国初期烧瓷烟斗，在他庋藏中就有两百多只，其他烟斗，如何名贵，也就可想而知。

至于博物馆收藏的烟斗，那要属英国伦敦博物馆了，馆内把全世界各国不同时代、各种类型、各样质料的烟斗，分门别类陈列起来，那真是洋洋大观，让人叹为观止。凡是喜欢收藏烟斗的朋友，到了伦敦博物馆烟斗陈列室，没有哪一位不是如醉如痴，瞻顾徘徊，不忍离去。听说有一位荷兰人参加集体旅行，环游世界，等进到伦敦博物馆，看见如许烟斗，简直同发现宝藏，世界旅程还没走过十分之一，其余观览途程，宣布全部放弃，留在伦敦博物馆抄抄写写。足足花费两周的时间，才依依不舍，黯然回家。由此看来搜集烟斗的朋友，虽然没有集邮朋友那样普遍，可是一迷上烟斗，其瘾头之大，劲道之足，恐怕不在邮迷之下呢。

笔者频年浪迹，所到之处，倒也搜集了不少烟斗。以质料来讲，如早期英法烧瓷、烧嵌自由女神、浮雕花环，紫石、海泡石、云白石的都各有一只。此外有一只煤晶石的，是当年北票煤矿工人在三宝断层矿坑发现一块煤晶，由巧手工人雕成方形平底烟斗送给我的，真是缋彩明净，黝焉如墨，而且苍浑厚重，放在桌上不倾不倚，拿在手里，绝不烫手，最多其温如玉。查遍烟斗谱，也没发现过有煤晶做的，我这只煤晶烟斗，可能还是独一份呢。至于榉、榈、枫、樱一类的木质烟斗，虽没什么精品，倒也各备一格，尤其是有一只印度产品，孔雀石的底座、桦木烟窝、橡皮嘴长有三尺、全斗像一只小萨克斯风的烟斗，式样奇古，木瘤垂珠。在大陆时虽然抽起来不太方便，可是如果在台湾日式房子榻榻米上，宾主相对，茗瓯氤氲，还真有个乐子。以式样来说，户外活动的短嘴大窝斗，办公桌上用的平底斗，户内用的长嘴大小烟窝斗，旅行用的弯嘴水手斗，防空用的下燃斗，不透光的带盖斗，甚至于麦将军用的老玉米棒斗，也算华缛悉备。可惜当年来台仓促，那些敝帚自珍的烟斗，都未携带来台。回想当年茜窗茗盏、摩挲赏玩之乐，只有徒殷遐想了。

想起了长杆旱烟袋

"万象"版(《联合报》)三月二十八日刊出了《四尺长烟斗拐杖》的图文,四月二日又有宣建人先生的一篇《没落的旱烟袋》大作,高古奥逸,勾起了我无限怀古笃旧的幽情。

当年在大陆,必须是年高德劭、齿望俱尊的老人家,或是殷商豪富的老掌柜,仆从如云,小徒弟们整天在眼前头转,有人伺候着点烟袋,磕烟灰,才够资格抽那可望而不可及的长杆旱烟袋。至于一般人,有一根"京八寸"(普通烟袋约为八寸长,所以叫京八寸)也就够过瘾的了。

叶子烟最有名的是"关东台片",产地是热河省的宁古台,极品台片,烟一吸进口,能噎得人透不过气来,烟瘾不大的人,一袋烟,就能把人抽醉了。抽完的烟疙瘩磕在地上,其白如银,久聚不散。

有一年笔者去承德办事,路过宁古台,住在一家粮行里,内掌柜的是位年近六旬的老妈妈,也不避人,盘腿坐在客房的热炕上,吧嗒吧嗒很悠闲地抽着关东烟。她的烟袋虽有四尺出头,竹子烟袋杆,都摩挲成锃亮的紫红色了。她独自一人,旁边既无使女丫环,又没有学徒小使。我一时好奇心起,要瞧瞧她自己怎么点上那袋旱烟。谁知会者不难,难者不会,她把叶子烟装满一锅子,顺过烟袋杆儿,划一根火柴插在烟锅子里,边燃边抽,岂不是不假手他人了吗?东北人乡间时兴抽长杆旱烟袋,据说是因为烟辣劲足,用长烟袋,可以减弱辣味、火气,这个说词,当然是颇有它的道理的。

台湾近些年来，因为烟叶是专卖品，没有抽旱烟原料，除了少数年老山胞，在高山峻岭种几株香烟草晒干揉碎，抽抽烟斗外，平地山胞几乎都改抽纸烟了。七八年前在高雄县南隆河川地，住的都是滇缅地区归侨，政府辅导他们种植烟草，有一位云南腾冲籍的老太太，把干燥过的烟叶子揉碎，装在长逾四尺、粗如鸽卵、瘤瘿累累的竹根烟袋上抽。她点烟的方法，就跟我在东北所见完全一样。人家说百里不同风，热河、云南海天遥隔，相去何止万里，想不到同样爱用长杆烟袋，甚至连点烟的小动作都不谋而合。记得林语堂先生曾经说过：中国人总归是中国人，一脉相传，在某些地方必有相同之处。他这句至理名言，观乎抽长烟袋点火柴这点小事，就可以得到证实啦。

水烟袋

水烟袋起源于什么年代，目前已无可考，不过这种烟具，是老祖母时代产物，那是毫无疑问的。在晚清民初，从南到北，无论是仕宦人家，或是市廛商贾，大家闲来无事，都喜欢捧着水烟袋，怡然自得，喷云吐雾一番，蔚为馨香盈室，烟云万状的情调，缅怀往昔，已经成为历史镜头，渺不可得啦。

当年南北各省，虽然都流行抽水烟袋，可是水烟袋的款式大小、长短曲直，以暨雕文镂花，技巧各异，南装北式一望而知。京式的水烟袋，都是云白铜打造，讲究大方厚重，烟管稍长，弯度不大，连系筒管的地方，多半采用丝绳，或是丝线编织的璎珞绦子。那种丝络悉出闺中女儿，巧手新裁，争奇斗胜，盛饰增丽，甚至有珠翠玛瑙穿成绦子的，彩错丝纷，那就更增美观，抬高水烟袋的身价了。

烟筒后方，有一带折褶盖盛烟丝的铜盒，烟筒两旁，各有一只铜槽套管，一边放烟镊子夹烟烬，一头装有一个小棕刷子，掸烟屑的烟签子，另一边是插点烟用火纸捻儿（又叫"火纸媒子"），是抽水烟袋必不可少的引火媒介。纸媒子的原料是裱心纸，先把纸裁成寸把宽的长条，然后搓成媒子，要诀是松紧适度，才能一吹即燃。小孩子学吹火纸媒子，一不小心烧了上嘴唇，那是常有的事。

水烟袋里要灌上净水，抽起烟来才会呼噜呼噜地响。一袋水烟吸完，首先要把烟袋锅子拿起来把余烬清除，再把烟袋里的烟气吹出，才能装第二袋来吸，如果忘了把烟气吹出，弄不巧烟袋水逆流而上，能弄一嘴又

1320

臭又辣的烟袋水，大庭广众之前，那就太尴尬了。烟袋锅子上有一个钢丝箅子，有个专门名词叫"奠"，粗细软硬，讲究甚大。箅子太密，容易阻塞，吸起来费力，又爱劫火；太稀疏，烟丝又容易下漏。行家买水烟袋，先看烟袋锅的箅子如何，水烟袋的价钱，也就决定于此啦。

从前大户人家，一人有几只水烟袋，那是很平常的事，一家有五六位抽水烟，条案摆上十几只水烟袋，一点也不稀奇。水烟袋每天要用碱水洗涤，另换净水，没有发明擦铜药的时候，外面要用香灰擦得锃光瓦亮。这项工作虽不费力，可是细琐耗时，它跟冬季生煤球炉子、擦煤油灯罩，都属于更房打更护院的责无旁贷的工作。

江浙一带制造的水烟袋称为"苏式"，比起京式来嘴短而弯，玲珑小巧，便于携带。当年上海北里名花四大金刚中有个叫林黛玉的，明眸善睐，环姿艳逸，风头甚健。她到徐娘老去年龄，有人飞笺召花，她照出堂不误。随身有两件古董，一是金镶玉嵌的豆蔻盒儿，一是她精心设计的赤金水烟袋，嬴镂雕琢，夺光粲目。她坐在客人身后，拿着金水烟袋，给客人捻火装烟，姿态妙曼之极。据说她奉烟之后，再请客人尝尝她的槟榔豆蔻，那就是欢迎客人到生意浪坐坐的一种暗示了。

花国另外一个金刚是张玉书，她虽然是江北阻街神女出身，可是跻身四大金刚之列后，凡事都要跟林黛玉一争短长。她为了跟林黛玉别苗头，也订装了一只银饰剔金的水烟袋，外面加上一只烟袋套，兜罗缇绣，九色琼花。绣工细腻之外，有人说套上里外四只带盖口袋，翻开复积，各有苏绣秘戏图一帧。后来这只烟袋她送给了名伶路玉珊，名琴票陈十二说，他曾经瞻仰过，想来是不会假的。

袁寒云的妻兄刘公鲁，是上海滩有名的

遗少，每天水烟袋不离嘴，要用二十多根火纸媒子，烟量之宏，可想而知。有一年况蕙风、朱彊村、袁伯夔几位遗老在他家诗钟雅集，刘公鲁连连得魁，高兴之下，拿出一只精美华贵的小巧水烟袋来，请大家鉴赏。他说是拿四个人头大土，从伶人龙小云手上换来的，龙伶曾经被林黛玉据为禁脔，那只纯金水烟袋是林黛玉遗物，料想是不会错的。

北平有位资格很老的琴师叫耿幺的，虽然在戏园子里总是拉开场戏，可是有名琴师如陈鸿寿、杨宝忠、王氏兄弟少卿幼卿都给他磕过头。耿老烟瘾极大，除了在台上做活，整天旱烟袋不离嘴，后来年老气衰，一抽关东叶子烟，就呛得咳嗽不停，于是改抽水烟。琴师的胡琴向来是加套拴在腰里的，走起路来，一甩一荡绝不打腿。耿老把水烟袋做套，也别在腰里，一左一右，此飘彼荡，清扬潇洒，一点也显不出累赘来。荀慧生的琴师赵继羹（外号叫"喇嘛"）见猎心喜，学个两个月始终走路打腿，耿幺的这份绝活后来也没人敢学了。

北洋时代英国驻华公使朱尔典，是欧洲人中最欣赏中国水烟袋的，他说："香烟、雪茄、板烟都嫌火气太重；嚼烟、鼻烟，一个直接入喉，一个径达鼻窦更不卫生，斫伤呼吸器官。只有水烟，烟味柔和，又经过水的过滤，纵或有伤身体，亦极有限，所以用水烟袋吸，可以说最卫生、最科学的方法啦。"他在任满奉调返国之前，在前门外打磨厂钰记专做水烟袋的作坊，订制一打水烟袋带回英国送人，英国人才知道那是一种烟具。后来有些英国人到北平游览，都要寻找一两只水烟袋带回去当纪念品呢！

广州有一种水烟袋，烟嘴特长，故名"仙鹤腿"。这种水烟袋是专门给使唤奴婢的大户人家使用的。早年广东蓄婢之风，极为普遍，豪门巨室固然是侍婢成群，就是一般普通人家，养上几个婢女，也是所在多有，所以一般人听歌、斗酒、赌博、谈心，装水烟的工作，就成了绰约两髻的丫环雏婢的必修课了。这种水烟袋，可以从稍远的地方，递过来吸食，既可以无碍宾主之间款接洽谈，如果有不愿人知的背人秘语，也可避免被婢女们听了传扬开去。仙鹤腿水烟袋的形式除了嘴长身短，跟京式、苏式水烟袋有别外，两旁各有一只矮胖烟盒，烟丝容量可多一倍。日前在民俗文物展览会场，看见有几只水烟袋在会场陈列，独缺仙鹤腿式样的。我想现在香港古老书香人家，或许还有收藏这种老古董呢！

笔者幼年时节，看《儿女英雄传》说部，看到安龙媒在淮安的茶馆里，正在东瞧西望，忽然觉得有一截冰凉挺硬的东西，往他嘴里直杵，当时吓了一跳，再一留神，敢情是一个形同乞丐卖水烟的，隔着几张茶桌，宛若银龙觅洞般，把一只长烟嘴，愣往嘴边塞了过来。文字写得非常传神，仙鹤腿水烟袋的嘴，已经够长了，隔了几张茶桌，都能把烟袋嘴伸过来，似乎写得太玄了点。哪知抗战胜利那年，苏北光复，笔者奉派到苏北里下河兴化、泰县、东台一带公干，偶然在泰县北门外一家茶馆喝茶，听康国华说评书。

与我同去的陈仲馨兄，是本乡本土人，对于当地串茶馆零食的小贩，都极熟识。落坐不久，突然一只天外飞来的水烟袋伸向他的嘴边，他居然受之泰然地连吸了好几袋。我仔细端详了那只老迈年高的水烟袋，烟袋嘴如同照相机的三角架，抻之即长，缩之则短，水烟袋上东补一块红铜，西焊几滴锡珠，百孔千疮，记龄至少是花甲了。那位卖水烟的人长相如何不谈，一顶棕色破毡帽，身穿一件老羊皮的大坎肩，沾满油泥又黑又亮，所用纸媒子短而且粗，不用嘴吹，手指一弹，立刻点燃。当时我想这个手法如能学会，京剧有耍火彩的地方，火折子一晃就烧，松香随时起火，要耍什么样的火彩，立刻就能表现出来，那多有趣。

说评书的说到有"扣子"地方，就算一段，立刻停说打转（书场里要钱叫打转），卖水烟的立刻走过来敬烟，大概抽上三五次，每次三两筒，终场所费还不到半包烟卷钱呢！那次苏北之行，没想到居然还能一开眼界，看到了这种古老抽水烟的动作，可算眼福不浅。据说当年江东才子杨云史的续配徐夫人有一只慈禧太后御用水烟袋，而她吸烟的姿势妙曼俨雅，更博得当时使节团各位公使夫人的称赞。可惜这个风度修婷的镜头未能留下照片，听听前辈们的描述，只有徒殷结想而已。

水烟袋各省制造的式样，固然不同，就是吸水烟所用的烟丝，也是五花八门。北方抽的烟丝有两种：一种叫"锭子"，是冀东一带产品；一种叫"潮烟"，是否广东潮州产品虽不敢说，可是确实是南方运来的可以断言。这种潮烟斤半一包，烟丝细而且干，扎久成块，打开纸包要先拿下几块，放在小瓷盆里，上面盖上一块湿布让它回润，才能吸用。有人把鲜陈皮、鲜橘皮，或是柠檬、文旦皮，撕几小块跟潮烟一同闷上半天，烟香果香，糅合一起，自然入口更觉馥郁。地道北平土著，吃不惯潮烟，他们把锭子掺上点兰花籽，倒也清逸泡润。福建的皮丝烟在抽水烟的人来说，可算烟中隽品，甚至南人客居此地，仍旧不忘托人到福州带几包丹凤牌皮丝烟来抽，只要是抽福建皮丝烟的，十之八九是江浙一带的人。也有人认为抽皮丝烟容易生痰，他们把兰州的"青条"加上点杭州香奇来抽，不但增香助燃，抑且味薄而淡，倒也别有一番滋味。

当此医学界整天大声疾呼抽香烟容易致癌，而报章杂志也一再报道因吸烟染患癌症死亡人数，一年比一年增多。一般瘾士虽然看了图表文字，也觉得怵目惊心，立刻想把香烟戒掉，可是戒不了多久，又一支在手，百无禁忌了。我的朋友中抽了戒、戒了抽的实繁有徒，想找一位戒烟之后，坚壁清野，始终未破戒的，可以说百不得一。朋友中有位熊公读，当年在大陆，水烟袋整天不离手。自从浮海来台，因为抽水烟的烟丝来源断绝，只好改抽斗烟。有一天他忽发奇想，他认为台湾省烟酒公卖局辖内有几千烟农，一万多甲烟田，拿个十甲八甲来试种一下能供抽水烟的品种，如果试验成功岂不是爱抽水烟的人又有水烟来抽了吗？也许有人认为现在是工业社会，再回头抽水烟岂不是开倒车？要知道烟既然戒不了，家居燕息的时候，抽一两筒水烟，不是也别有一番情趣吗？

熊老的高论虽然有他的道理，可是台湾的气候、土壤是否适宜种植抽水烟的品种，那就有待烟产专家们的细心研究探讨啦。如果将来真的有水烟可抽，我这戒烟十年以上的老枪，可能就要信心动摇，毅然破戒了。

鼻烟及鼻烟壶

谈鼻烟

拿全世界来说，烟的种类之多可海了去啦。像卷烟、雪茄、烟丝、板烟、旱烟、水烟、嚼烟，还有大家认为毒品的鸦片烟、方兴未艾的大麻烟。虽然烟的种类千奇百怪，可是无论如何，总不外乎用嘴来吸，用口来嚼。只有鼻烟，跟嘴完全不发生关系，是用鼻子来闻的。

鼻烟最初也是舶来品。依照明末吴文定的《蕉荫清话》说，鼻烟是明永乐年间三保太监下西洋带回来的。清代的王渔洋、赵叔的笔记里都曾谈到鼻烟，传说来自意大利，明万历九年传教士利玛窦第一次泛海到中国广东带来的。不管怎么说要是永乐年间传到中国的，到现在已经五百多近六百年；就是说万历年间吧，也有近四百年啦。

听从前大内的太监们说，从康熙到乾隆，凡是西洋特使来华觐见，进献方物，差不多都有鼻烟。依据赵之谦《勇卢闲话》："雍正三年（1725），伯纳第多贡献方物，始有各色玻璃鼻烟壶，咖什伦鼻烟罐，各宝鼻烟壶、素鼻烟壶、玛瑙鼻烟壶及鼻烟，有六十种之多。雍正六年（1728），西洋博尔都噶尔国王若望（现在的西班牙）遣使麦德乐，贡方物四十一种，有鼻烟。乾隆十七年（1752），国王若瑟复贡方物二十八种，有赤金鼻烟盒、咖什伦鼻烟盒、螺钿鼻烟盒、玛瑙鼻烟盒、绿石鼻烟盒及鼻烟。五十九年（1794），外藩陪臣，若朝鲜、英吉利、法兰西、越南、暹罗、琉球诸国先后来朝者，皆赐玻璃鼻烟壶、瓷鼻壶及鼻烟。"

由以上几段记载来看，毫无疑问鼻烟是自从明末清初中外通商时候，就带来中国的，不管说它是聘礼也好，贡物也好，总而言之，到了乾隆年间，咱们不但自己会做鼻烟，而且也会烧制烟壶了。否则以十全老人（乾隆）的好大自尊，绝不肯把外藩贡物，再赐赍外藩的。

笔者一九七三年曾经到泰国去观光，在泰王夏宫里的中国馆多宝格上，就有两只烧料的鼻烟壶。旁边有卡片用英文注明，是使臣到中国来报聘，清朝乾隆大皇帝回赠的礼品，可见当时拿鼻烟赐赍外藩，是事实了。

究竟闻鼻烟有什么好处呢？据说可以明目、辟瘴、去疾、却湿、调中逐秽、宣郁导滞，对人身体好处可大啦。所以晚清时代，闻鼻烟的风气，南北各地到处流行，尤其士大夫阶级，没有人怀里不揣个鼻烟壶的。笔者小的时候，有一位长亲病故，必须前往送殓。听说亡者遗体有臭，先祖母拿一个玛瑙烟壶，让我揣在怀里。必要时嗅一鼻子，就能辟疫逐秽，这是笔者第一次闻鼻烟。

鼻烟到中国，叫"士那夫"，大概是snuff的译音。雍正时代常拿来赏赐给王公贝勒、贴身侍卫，那时叫作"腊烟"。后来因为这种烟，是用鼻子闻的，才正式定名叫"鼻烟"。

以我见过的鼻烟来说，品质方面有飞烟、豆烟、蚂蚁屎、酸枣面儿四种。飞烟最好，用手一捻，比漠北的黄沙还细，要说蜜斯佛陀香粉细，但是还有点滞手，飞烟放在手上，简直毫无所觉。据说这种飞烟在意大利、西班牙，最早也是宫廷御用珍品，平常庶民也闻不着的。

豆烟是鼻烟储藏年深日久，凝当成豆粒大小，实坚果劲，捣碎非常不容易，都是用多少捣多少，因为积香久蕴，更是其味无穷。

蚂蚁屎也是鼻烟庋藏太久，偶一透风，会引起自然发酵。经过两次发酵的鼻烟，凝成小碎粒，用手一搓，立成齑粉。酸味特浓，鼻烟带酸头，算是珍品，所以嗜酸朋友，对于蚂蚁屎看成宝贝。

酸枣面儿，也是封存太久，鼻烟磋磣结成了不规则形大块，可是大块里头，叠空累累，处处蜂窝，外坚内虚，所以一捻就容易成为细粉。这种鼻烟有绝不窜脑开窍的特长。

听鼻烟专家说，鼻烟的颜色以墨绿色的最为难得，内行人称之为神品；其次是孔雀绿、鸭头绿，这类色泽的鼻烟，到了同治年间已经成了可遇而不可求的稀罕物儿了；再者就属深紫色的了，这种深紫鼻烟，也是经过发酵的宿烟，其味清馥道雅，可以韬避尘垢。至于浅绛色鼻烟，虽非陈手老烟，可都是精研九揉，万杵回泽，都是烟中极品。另外是红色鼻烟。红烟又分明红、暗红两种，明红取法意大利，暗红取法西班牙。在鼻烟中来说，隽荖檀心，等闲时也舍不得拿出来一嗅。普通经常闻的，多一半是深黄、浅黄两种而已。至于有一种暗绿的颜色，也往鼻子上抹的，一抹连鼻窝、上嘴唇都是绿油油的，那还有名堂，叫"抹个绿蝴蝶"，那就不属于鼻烟范围，而是一种闻药啦。闻药在当年是青皮流氓、看家护院、赶火车、拉骆驼的专用品，正经人没有拿它当鼻烟来闻的。

闻烟专家把鼻烟烟味分成六大类，是膻、酸、火、豆、甜、咸，当然要细分，每一类又能分出多少样或浓或淡的名堂来。大家公认膻头的顶好（所谓"什么头的"，是闻鼻烟人术语，意思就是味道），酸头的也不错。火就是饭煮焦啦，糊巴子味，有人就偏偏爱这股子焦味。豆是一种清气味，因为避疫力特别强，所以也有人喜爱。至于甜头的鼻烟，那是初学乍练，开始闻鼻烟的雏儿闻的，有资格的鼻烟客，对于这种鼻烟是不屑一闻的。至于咸头儿的鼻烟，笔者所闻者少，只听人说过，可是自己没闻过，滋味如何，可就说不上来了。

自从我们中国自己会制鼻烟之后，大约是道光、咸丰年间，出了一种熏烟。制法也是把烟叶碾成细末，再用各种花来熏，最普通的是茉莉熏、玫瑰熏。因为北平人喝茶，以香片为主，对于熏香片所用的茉莉花，都是从福建移植过来的柔枝小朵名种茉莉花，不像台湾茉莉重台叠蕊、大而不香。平常大家喝惯了茉莉花的香片茶，同时一闻茉莉熏的鼻烟，让人有一种说不出的亲切感。因此没有几年气味淡雅淳清的洋烟，闻者日少。一方面洋烟越来越金贵，价钱越来越高，而真能领略历久弥香的知音，人既寡，物又稀，反而香气浓馥辛烈的熏烟，不久就大行其道了。

　　因为茉莉熏、玫瑰熏嗜者日众，于是紧跟着又出了水仙、兰花、珠兰、玳玳花、白兰味的各种熏烟，五花八门，各有各的买主。以至于有些人只知熏烟，而各种极品的腊烟连闻都没闻过。

在鼻烟全盛时，北平有一种烟儿铺，以卖叶子烟为主，除了关东台片、杭州香奇、兰州青条、福州皮丝、兰花烟、高杂拌儿之外，还带卖槟榔、豆蔻、砂仁。鼻烟一流行，也附带卖鼻烟闻药啦。至于全北平专卖鼻烟的铺子并不多，到了民国十几年城里城外就剩下三家了。隆福寺有一家兰蕙轩，后门鼓楼大街有一家宝蕴阁，前门外大栅栏有一家天蕙斋，那是专门卖鼻烟的，到了北伐成功，就只有天蕙斋一家做独门生意啦。

梨园行有鼻烟嗜好的最多，据说烟瘾最大要数李洪春（梨园行官称李洪爷，自认关公戏唱得最好，会得最多）。赵桐珊（艺名芙蓉草）说李洪爷闻鼻烟是一绝，每隔五天李洪春准去天蕙斋大闻一次，您如果不时到大栅栏蹓跶，一定能够碰上。大概天蕙斋的人知道李洪春哪天什么时候来，未来之前，用二寸见方的有光纸，把一间门脸儿长的柜台上排成一长条，每张纸上倒好李洪爷闻惯的鼻烟，等李洪爷一进门，就一包一包地一面聊天，一面闻，大约个把钟头，这一列鼻烟，也就差不多闻光啦。这种分量，这种速度，如果有人举办闻鼻烟比赛，我想李洪春一定可以稳得冠军。

现在在台湾收藏鼻烟、名贵烟壶的，一定大有人在，可是拿鼻烟当嗜好来闻的人，可能没有了。美国杂志曾经登载过，欧洲有些古老国家的王室贵族、豪门巨富，到现在仍然有一种风习，不但把自己收藏的最好的鼻烟拿出来相互欣赏，甚至于以烟壶来争强斗富。希腊船王奥纳西斯生前就是一位鼻烟收藏赏鉴家，曾经从印度王子手里拿一百二十八件纯金镶宝石的餐具，换来四两装的鼻烟一小罐，算算价钱，可太惊人啦。

从前住在上海的犹太富商尤爱斯·哈同，也是鼻烟搜集专家。有一次在宴会上，跟沙逊洋行的大班沙逊爵士同座，沙逊虽然是英国贵族兼富商，可是在上海滩来说，讲究玩鼻烟，沙逊只能算是未入流的角色。他掏出来鼻烟，请哈同来闻，居然是舶来品超特腊烟，叫作紫琳腴的一种。哈同一向争强好胜惯了，自己是中外有名玩鼻烟的，人家不是玩家，居然随便拿出来的，就是稀世之珍，心里一怔，立刻写信给住在北平的干女婿庄惕生，只求烟好不论价钱高低，尽量搜求。庄是佛门弟子，哪会懂得鼻烟好坏，皇天不负苦心人，居然找到鼻烟专家合肥蒯若木，虚心请益之下，总算懂得鼻烟的好坏啦。再经过多方打听，知道朗贝勒府还有几种贡品腊烟，其中居然有一罐是水晶金彩四两装的鸭头绿，结果这罐鸭头绿以惊人价格成交。庄惕生亲自把这罐鼻烟送到上海。听说哈同得此至宝，一高兴之下，曾经在爱俪园，约请上海鼻烟专家刘公鲁、袁伯夔、陈筱石、李瑞九，来了一次熏风小集。客人中少不得还有沙逊爵士，一方面显摆一下，一方面也让他闻一闻鸭头绿是什么滋味。爱俪园的西宾乌目山人，还写了一篇骈四俪六记盛的文章，给鼻烟平添不少佳话。

从前梨园行大半都喜欢闻点鼻烟，尤其名角大老板闻烟还要闻好的。当年唱老生有个叫白文奎的，他有个女婿是个跑外国轮船上的厨师，不知道他从哪一国，得到一罐荔枝味儿的鼻烟，后来白文奎把这罐鼻烟送给余叔岩。小余是闻鼻烟的行家，什么好烟都闻过，可是闻荔枝味儿的鼻烟，也是第一遭，当然把这罐鼻烟，视同瑰宝收藏起来。有一天小余在烟炕上给师傅谭鑫培打烟泡，一面烧烟一面跟师傅讨教玩意儿。小余说每次唱《定军山》，一耍大刀花，不是刀钻裹护背旗，就是把护背旗打得卷在旗杆上了，每一耍刀下场亮相，都显得不干净，不利落，您说那是怎么回事？老谭好像全神贯注抽烟，根本不搭茬儿，小余再问第二遍，老谭还是顾左右而言他。呆了一会儿，老谭忽然冒了一句话说，听说你最近彩头不错，得了点好鼻烟，还煺摸着一只好烟壶。小余本来是绝顶聪明，听弦歌而知雅意，立刻回说，最近有人送点外洋鼻烟，从古玩铺买了一只古月轩百子图的料壶，本来预备带来，请您给鉴定真假好坏的，谁知出门一慌疏，把这事忘了，说完话马上回家去拿。一会儿工夫，小余就把百子图鼻烟壶装满了荔枝味鼻烟拿来，老谭把烟壶端详了半天，认定烟壶的确是古月轩制品。再一闻鼻烟，频频点头，认为淡发芬馨，也是从所未尝。小余聆听之下，当然把烟壶带鼻烟，一并孝敬了老师。等了一会儿，老谭自己反倒旧话重提，问起小余来。在小余再次请益之下，老谭拿着烟签子一比画，说把烟签子当刀头，耍大刀花时，两眼全盯住刀头转，自然脑袋也跟着动，不是刀钻就把护背旗让开了吗？一语惊醒梦中人，就是这一招，就花了小余银子若干两。这是当年余叔岩亲口告诉张伯驹的，大概此事不假。所以小余给徒弟说戏也不痛快，因为人家玩意儿，也是花了大把银子得来的。

老谭爱闻鼻烟，那是众所周知的。言菊朋不但唱工学老谭，就是言谈动作，也要曲意摹仿。老谭爱闻鼻烟，言三也当然不能例外，所以言三一到后台扮戏，得先洗鼻子。梨园行朋友说话向来是不饶人的，大家给他起了个外号，尊称言三为"五子"：宽脸子（言脸宽而短）、短胡子、薄靴子、洗鼻子、装孙子，话虽近谑，可也是实情。

清朝太监，不管是自幼儿出家，或者是半路净身，虽然没有明文规定，可是向来都是互相策勉，严禁烟酒。就拿鸦片来说吧，道、咸、同、光四朝，鸦片是最流行，而且是顶时髦的玩意儿，红太监像李莲英、安德海、崔玉贵、小德张、梳头刘，谁也不敢把鸦片抽上瘾。他们太监虽然净身之后，在宫廷之中，所担任的执事都是细琐贴身的事儿，可是太监究竟还是男体，如果大烟大酒，一身怪味就没法当差了。既然不动烟酒，鼻烟就成了他们的主要嗜好了。自从清室逊位，缔造民国，小德张就搬到天津租界，静享清福。他有一间客房，整间房子都用花梨紫檀打成多宝格，琳琅满架，全是各式各样大瓶小罐极品鼻烟。洋古董客福开森说过，小德张收藏的好鼻烟，论值论量，在全世界收藏鼻烟专家里，总有十名以内。福氏见多识广，所说当然有几分可信。

前清内务府大臣世续，大家都管他叫世中堂，他闻鼻烟讲究是越硬越好，能硬得用锤子都砸不碎才好，因为越是陈烟，凝结得越牢固。闻这种鼻烟，他有一种诀窍，先用一根新鲜豆芽，用线拴好，悬在鼻烟罐上，第二天到药店买几根锉草（木贼），罐里整块鼻烟，用锉草一锉，可以把外面吸了豆芽水气的鼻烟，锉点细面下来。用多少锉多少，永远保持鼻烟原味，丝毫不走，这跟英国贵族用兰花嫩芽吊鼻烟是同一道理。

国民党元老李石曾终身茹素，不动烟酒。

可是在幼年出国之前，鼻烟他是闻的，他曾说："闻烟胜于吸烟，因吸烟到了肺里，闻烟在外，可以抵消坏的气味，而且有祛毒作用，比戴口罩方便而不妨碍呼吸。日本口罩风气最盛，台湾学来了，虽似科学卫生，我认为并不相宜。我建议以鼻烟代替口罩与吸烟。有人因卫生与医生的劝告而戒烟，但非常困难，想求代用品而不可得，闻鼻烟不是比较好的办法吗？"以上的话是一九五〇年李石老亲自对笔者说的，他并鼓励笔者细心研究制造鼻烟的方法。现在石老墓木拱矣，研究做鼻烟的话，也早已忘在脖子后头，因为写这篇谈鼻烟，才把石老的话想起来，除了怅惘歉疚，还寄以无限的哀思。

谈鼻烟壶

中国最早的鼻烟，根据历史上的记载，是外国使臣"到京师，献方物，有鼻烟"。照最保守的说法，鼻烟在中国也有近四百年的历史了。自从鸦片战争，订立《马关条约》，海禁大开之后，所订通商条约进口税则里，就把鼻烟列在酒果食品类，鼻烟由此从通使方物、御用贡品，一变成为一般商品，时尚所趋，人手一壶，大家都嗅起鼻烟来了。

最初进口的鼻烟，分怡和素罐、太古素罐、吉士素罐、天宝素罐四种。据宣统的师傅梁节庵先生说，怡和是南海伍家的洋行，太古是南海邝家的洋行，天宝就是他们南海梁家开的洋行，只有吉士是广东佛山苏家开的洋行。洋烟刚一进口，瓶上罐上全是洋文，当时民智未开，大家对洋文看不懂，就是说出来也记不住。所以进口洋行，只好把自己行名用小纸条印好贴上，哪家进口的鼻烟，就叫哪家素罐，至于真正制造鼻烟的厂商，反而其名不彰了。以一般进口洋货来说，到现在还有许多老牌子洋货，仍旧沿老办法。您要是买一瓶林文烟花露水看看，瓶子上还贴有"怡和洋行"字样小条呢。

至于进口洋烟的装潢，跟外国使臣献方物的装潢可就完全不一样。献方物的贡烟，全是小瓶小罐，镂金、宝石、螺钿、珐琅、各色水晶。真是缕奇错彩，光鲜耀目。大批进口腊烟，通常就都是素罐居多了。一般素罐从四两到十六两容量的最普通。最大的有四斤罐装的。鼻烟的名称，有大金花、小金花、红枝头、黑枝头、百濯香、琥珀酸、十三太保、十二红近十种之多。不过后来在市面上流行最普遍的，也不过是大金花、小金花、十三太保，三数种而已。

大金花的瓶子，是磋磨精致，棱角纷披，曜金焕彩，近乎水晶、明净雕花的玻璃瓶。小金花的瓶子是星编珠聚，灿若云霞，瓶子不但奇矞美丽，而且霞光耀眼。有人说大金花、小金花不但鼻烟好，就是瓶子也可以拿来当水晶雕刻艺术品来鉴赏。十三太保的装潢更讲究啦，大小共十三瓶凑成一组，所以叫十三太保。一个大八角形瓶子居中，八只长方瓶四周环绕，四角各有一只反三角瓶子补空，十三只鼻烟瓶子，正好排成四四方方的一箱。在民国十几年，一箱真正十三太保鼻烟，有人出价一万块银洋，还没有人愿意脱手。后来一只好的空烟瓶，在北平东安市场洋古玩摊上，也要一百块出头，他才肯卖。因为有人收购这类鼻烟瓶，真瓶假烟的冒牌货，也就应运而生。不过假货仿造得再精巧，也骗不了内行。这种瓶子的瓶塞，特别的细长，而且深入瓶颈，绝不透气，把瓶子盖严，塞头用丝绳吊起来，瓶子不摔下来，那就证明是真正进口原瓶。真烟假烟，行家一嗅，就辨出真假，那是骗不了人的。

我们中国从古以来，凡是属于药类的丸、散、膏、丹，都讲究用瓷瓶、瓷罐、瓷钵来装，金属器皿全能抵触药性，所以一律摒而不用。咱们中国最早的鼻烟壶，也是瓷的。笔者曾经见过四川傅沅叔收藏一只清初最原始的鼻烟壶，瓷质虽然不错，可是看起来，实在不起眼。大约二寸半高，圆径一寸，瓶上烧有几笔花草，模模糊糊也不太清楚。式样笨拙不说，携带起来也不方便。其后出了一种烧料烟壶，那比瓷壶就精巧玲珑多了。接着有人研究出套彩，从双彩到七彩，殷红浮翠，真是色彩迷离。当时制作烟壶的巧手，一个赛过一个，什么康家皮、麻家皮、靳家皮、辛家皮，做出来的烟壶，雕刻精致，式样繁多。有的诗歌酬唱、仿古字画，都能刻在不盈一握的鼻烟壶上，奇技竞巧，雅韵欲流。后来踵事增华，什么水晶、羊脂、玛瑙、珍珠、翡翠、猫眼、珊瑚、螺钿，都拿来做烟壶。士大夫阶级，谁要搜罗到一只精细别致的烟壶，一定要拿出来，当众夸耀炫示一番，不但闻烟品壶，而且变成暗中争奇斗阔啦。

　　到了乾隆时期，这位太平天子玩腻了古玩字画，一高兴又弄起鼻烟壶来了。他老人家首先把内廷料库里各种高级颜料，连同庋藏各色宝石，发交古月轩去研究。至于烧制烟壶所用的料子，责成琉璃窑的窑官，派人去瓷州博山一带广事搜掘。这种原料是介乎玻璃与瓷土之间的一种矽沙，经过官窑的精研细选，再送交古月轩，由名工巧匠精心设计，造型、制模、镂坯，在特建的瓷窑烧制。据说这种瓷窑，砌建也要高超的技巧，不但火力特强，而且耐热持久。因此多么精细灵巧的东西，都能烧出来不走样。

当年上海道袁海观是收藏烟壶的名家。他说中国旧翠古玉、意大利精烧珐琅、荷兰水晶浮雕、西班牙嵌瓷烟壶，都是烟壶中隽品。但是不论制造多么精细，可是在真正玩鼻烟壶的眼里，其价值永远比不上古月轩精选、贡奉乾隆御用的料壶。不过古月轩烧好剔出来不入选的烟壶，还有假冒古月轩仿制的烟壶，不但是在北平，就是在上海、南京的古玩铺，也时常有这种古月轩烟壶发现，一不留心，就能花真价钱买假货上个大当。不管假烟壶做得多逼真，可是用显微镜一照壶底，立刻就分出真假来了。真的古月轩壶底，光明如镜，绝对没有一个砂眼，假的不管仿造得多么精，壶底总归找得出几粒砂眼的。当年上海市商会会长王晓籁花了二两黄金，买了一只古月轩百子图烟壶，非常得意，结果请专家一鉴定，敢情是赝品。听说那批假烟壶一共做了五只，受骗的当然不只王晓籁一个人。烧料烟壶有皮雕、套红、镂刻、镶嵌，一瓶双口两膛的，叫"并蒂壶"，一瓶两膛上下各一口的，叫"乾坤壶"，花样之多，真是记不胜记。

合肥蒯若木，是皖北收藏家蒯光典哲嗣。蒯府所藏历代名人字画精品极多，而蒯本人特别喜欢搜集稀奇古怪的石头子跟鼻烟壶。有一天蒯老拿出一只烟壶，磕点鼻烟来闻，笔者看他的烟壶，式样奇古，非瓷非料，颜色黑中泛紫，一时真把我考住啦。谁知这只烟壶还大有来头，是当年张广建任甘肃省省长，人家送张的。张对鼻烟壶一类文玩，毫无兴趣，蒯是他的财政厅厅长，又爱搜集烟壶，于是就把这只烟壶送给蒯了。据说这只壶，是有人挖掘汉代未央旧址，无意中获得的一只小鹝吻角，把内部陶土掏空，配了一个古瓷壶盖，成了一只式样别致、古色古香的烟壶，所以瞧不出是什么质地。

舍亲王嵩儒丈也是喜欢玩鼻烟壶的，他脸部修长，活像一苦行的老僧。当年北平有一位能把名人字画或者个人玉照刻在鼻烟壶上的专家叫陈芷亭的。他把字画照相，都用一把弯钢锥，伸在鼻烟壶里，素雕好了还能着彩。他把王嵩老雕成一位披红袈裟的无量寿佛；另一面是王嵩老乡试闱墨：一篇亲笔所写的策论，密密麻麻，方寸之地大约刻了有两千多字，真是神乎其技。这只鼻烟壶的代价是五十块"大头"，在当时来说，也算是吓人的价钱啦。

河北郭世五，笔者只知他是藏瓷名家，哪知道所有够资格玩鼻烟壶的人，无不把郭老奉为圭臬。上海哈同的管家姬觉弥说，世界上最多的中国鼻烟壶收藏家是美国的凯尼斯，凯原本是一位化学教员，不知道什么原因，忽然迷上了鼻烟壶。凯在第二次世界大战终了时，已经是四五十个国家、一千多位会员的国际鼻烟壶协会发起人兼会长。以当时的时价估计，他的鼻烟壶将近一千只，值二十多万至三十万美元。可是谈到精，郭世五搜集的鼻烟壶，虽然数量不及凯尼斯十分之一，可是只只精湛，尤其是全套"燕京八景"烟壶，可以说举世无双、绝无仅有的奇珍。郭老这套烟壶，得来煞费苦心。据说乾隆老倌，有一天在南海子，忽然心血来潮，想做几个别出心裁的鼻烟壶，于是把古月轩的执事跟艺匠叫到御前，宣示圣意后，由造办处领了八宝颜料去做。等做好原坯，进呈御览的时候，全不称心，乾隆一气之下，就把已经塑好的原坯，全部掷在料桶里捣个稀烂，饬令古月轩再行领料重制。职司们一看桶内这么好的宝石料子，白白扔了岂不可惜，不如把桶内料子，仍旧烧几只烟壶来玩玩。想不到这几只烟壶，出人意表，出现奇迹，居然选出几只天然纹彩，细看是"燕京八景"，尤其是"金台夕照""卢沟晓月""蓟门烟树"三景，特别神似。既然是废料烧的，三个工匠就把这几只烟壶，据为己有啦。其中有六只，都让郭世五不声不响，陆续花大价钱买来。后来"金台夕照"也是江西赣州熊家，用一幅文徵明写的全部《孝经》，后面附有汉瓦《孔子问礼图》拓片换来，就剩一只"卢沟晓月"的烟壶，始终下落不明，郭老东寻西找，多少年没有消息，事情也就搁下了。想不到北平《实报》的记者王柱宇在《实报》上说，他在济南一家古玩店看见一只"卢沟晓月"鼻烟壶。郭老听说，真是喜出望外，亲自去了一趟济南，只花了二十块"大头"，就把这只宝壶给买回来了，于是"燕京八景"烟壶全数归入郭老掌握之中。郭老高兴之下，把一间书房改称"八德斋"，特地请上海吴昌硕写了一幅古篆匾额，朱彊村把搜集的经过，也写了一篇短跋，镌在题字之后。姬觉弥在朱家，看见彊老写的原稿，才知道郭老汇萃八德的始末缘由，实在这些烟壶，姬氏也没亲眼见过。

有一天跟蒯若木闲聊，敢情郭、蒯二位不单是鼻烟同好，而且对于字画方面，两人也是同道。据蒯说郭有若干稀世古瓷，可是郭对这八只烟壶，独垂青眼，视同拱璧，等闲人想看看这几只烟壶的幻灯片，都办不到：冬天他说气候太凉，手上有热气，冷暖相激，烟壶会炸；夏天室温太高，拿出来过风，一个不巧烟壶容易起裂纹。总而言之，他不愿轻易示人罢了。八德斋里有一特制书桌，第一层抽屉里，都有厚棉花、实衲缎子做里，不但有机关，而且有几道暗锁，设想周到，保护可算十分安全。八只烟壶，翀老只看见"卢沟晓月"一只，细看果然隐隐约约：有道石桥长虹卧波，楹槛分明，右首好像还有座碑亭，确实像"卢沟晓月"的景象。笔者当时听说，真想一开眼界，只要看看幻灯片足矣。后来时局日紧，跟着七七事变，大家都忙着内迁，把鼻烟壶的事也就忘了。

等到抗战胜利，回到南京，在我办公处，上级派了一位福建人叫何维朴的来当股长，闲时聊天，才知他是郭世五的快婿。七七事变，发难突然，郭老虽然有部分精品送往国外保存，可是郭老舍不得离开北平，心爱的烟壶也就留在八德斋中，供他不时地把玩。有一天忽然有几个喝醉酒的宪兵，闯进来找花姑娘，门上应付得又不得当，醉鬼直闯八德斋，愣拉书桌抽屉，因为暗锁牢固，久久拉不开。一时性起，一脚把抽屉踢开，当时整个抽屉，摔在地上。郭老的八景宝贝烟壶，自然全部报销，变成碎片。郭老在急怒攻心之下，就此卧病，不久谢世。可叹一代藏瓷名家，最后是以身殉壶。古语说"匹夫无罪，怀璧其罪"，真是一点也不错。

上面谈了半天烟壶，其实烟壶之外，壶盖、烟匙、烟碟，也有若干讲究。壶盖因为体积太小，再讲究也不过是在翠玉、珍珠、玛瑙上撷精取华，变点花样。至于烟匙，十之八九都用象牙，可也有人别出心裁用犀牛角、羚羊角、玳瑁的，说是可以除上焦内热，而且能够明目舒肝。烟碟因为体积较大，玩鼻烟壶的朋友，于是又想出不少异想天开的花样。以质地来说，汉玉、象牙、水晶、翡翠、琥珀、玛瑙，已经不算稀奇，有的人请名书画家、名词家，写字作画，酬唱题铭，刻在烟碟四周，或者镂在碟底。在上海，笔者看见唱文武老生的常春恒有一只烟碟，是一只五彩烧瓷红绣花鞋，他说是从人家一幅烧瓷仕女挂屏残缺之后，裁割磨制而成，那真是匪夷所思啦。

古人说，玩物可以丧志，可是典章、文物、印刷、工艺，都可以看出这一个朝代的治乱兴衰。就拿邮票来说，台湾刚光复印的郑成功的邮票，跟最近发行的故宫铜器邮票，不论从哪个角度来看，都是不可同日而语的，将来也必然会留给人们无穷的追念。

谈鼻烟

闻鼻烟在清代颇为流行，在士大夫阶层，彼此赏鉴一下烟壶，交换闻一闻鼻烟，都是文人雅事。鼻烟最早是从国外轮入的舶来品，根据明代吴文定的《蕉荫清话》说，中国的鼻烟是明朝永乐年间，三保太监郑和下西洋带回来的。清朝的王渔洋、赵㧑叔笔记里都曾谈到过鼻烟，传说是明朝万历九年意大利教士利玛窦第一次泛海到中国广东带来的。不管是明朝永乐年间或万历年间传入中国的，总是四百多年到六百年前的事了。依据赵之谦《勇卢闲话》："雍正三年（1725），伯纳第多贡献方物，始有各色玻璃烟壶、咖什伦鼻烟缸；各宝鼻烟壶、素鼻烟壶、玛瑙鼻烟壶及鼻烟，有六十余种之多。雍正六年（1728），西洋博尔都噶尔（现在的西班牙）国王若望遣使麦德乐，贡方物四十一种，有鼻烟。乾隆十七年（1752），国王若瑟复项方物二十八种，有赤金鼻烟盒、螺钿鼻烟盒、玛瑙鼻烟盒、绿石鼻烟盒及鼻烟。五十九年（1794），外藩陪臣，若朝鲜、英吉利、法兰西、越南、暹罗、琉球诸国先后来朝者，皆赐玻璃鼻烟壶、细瓷鼻烟壶及鼻烟。"

由以上的记载来看，自明朝末清初中外通商时候，中国就有鼻烟，那是有典籍可考的。清代末季内务府大臣绍英接管内务府的时候，在造办处多宝格抽屉里，发现一只锦匣，内中有几十张水印龙纹便条，既未画押，又无印记，字写得极为潦草，而且语句也不连贯，所写都是有关鼻烟配方事项。问过造办处员司，也不得要领，后来清理古月轩旧档，也有几十张同一式样暗龙纹便条，都是指示鼻烟用料、式样、配件各项问题的，其中有几张盖有一条团龙中间一个三横乾卦，是乾隆当年随身常用的一颗御印，以此例彼，才知道是乾隆指点造办处古月轩员司精研鼻烟配方、烟壶设计烧制的手令。神武门驻军警卫长毓朗西长得瘦小枯干，伶牙俐齿，外号翻江鼠蒋平，他跟民俗专家外号"北京通"的金沛云是见面就抬杠的朋友，一位说，"清宫大内贮藏的鼻烟都是外洋进贡的"，一位说，"十全老人好大自尊，绝不肯把外藩贡物，再赐赍外藩"。后来发现古月轩那些条子，才证明乾隆晚年确实就有自制鼻烟赏赐臣下啦。

有一年上海名收藏家袁海观、李木公游兴大发，连袂北上，各人都携带了几只鼻烟壶精品到北平来请北方名家鉴赏，由久住北平有名的"无事忙"蒯若木跟自命"一品大闲人"的袁伯夔发起，在法源寺吃素斋，看丁香，品鼻烟。经他们精挑细选，选中了陪客袁励准、赵次珊、瑞景苏、郭世五、载涛、溥儒叔侄，除了赵次老彼时尚担任公职，是清史馆馆长外，其余都是北平出了名的大闲人。当时李木公寄寓舍间，所以笔者有幸得以忝列末席，一饱耳福。主人删若木，他虽不搜藏鼻烟壶，可是他不抽烟不喝酒，专门闻鼻烟，所以他收藏鼻烟的种类最多，而闻鼻烟的资格，在与会诸公中也可列为特级人物。据他说：鼻烟的烟味，约分六大类，分别是膻、酸、火、豆、甜、咸。同好公认膻头的居首；酸味次之；火好像饭煮焦了，有股子胡巴子味，可是有人偏爱；豆是一种青气味，因为驱疫避瘟力特强，所以有人对之特别珍视，当避瘟散、红灵丹用；至于带甜头的鼻烟，是初学闻鼻烟，怕打喷嚏闻的。咸头鼻烟，只听说当年利玛窦带了两瓶来献给当朝，可是闻过咸味鼻烟的人少而又少，书上也无丝毫记载。

　　瑞景苏（瑞徵令兄）做过粤海关关监

督，闻过鼻烟的种类以他最多。他说："外洋来的鼻烟，他闻过最特别的有四种，外国人如何叫这些鼻烟名称，不懂西文的人，自然说不上来，闻烟同好给取名为'飞烟''豆烟''蚂蚁屎''酸枣面儿'。飞烟最好，装在瓶里凝结成块，用手轻轻一捻，比蒙古吹来的黄沙还细，放在手上，让人毫无所觉。据说这种飞烟是意大利西班牙极品鼻烟，是宫廷中御用珍品，一般普通老百姓是闻不到的。豆烟是鼻烟储藏年深日久，凝成豆粒大小，坚实有劲，捣碎非常不易，有一种铜夹剪，先把烟粒夹成两瓣，然后才能碾碎，因为积香久蕴，自然其味无穷。蚂蚁屎也是庋藏太久，偶沾潮气，引起自然发酵，经过两次发酵，也结成极小的碎粒，用手一提，立成畜粉，放个半小时，等它回润再闻，酸膻兼备，宣郁导滞功效最宏。酸枣面儿制成之后，水分较高，久藏之后结成参差不规则硬块，可是叠空累累，处处蜂窝，这种鼻烟碾碎闻了之后，不但明目、调中，而且绝不窜脑入窍。这种鼻烟都是西洋贡来方物，外间是不易闻到的。"

　　删若木说："鼻烟中以墨绿色最为难得，（有一种浅暗绿颜色的，是青皮流氓、看家护院、赶大车、拉骆驼的专用品，那叫闻药，不算鼻烟；他们往鼻子上抹，有一种手法，一抹一转，鼻窝人中都是绿幽幽的，这还有名堂叫'抹个绿蝴蝶'）内行称之为神品，其次孔雀绿、鸭头绿，这类色泽的鼻烟，除有人爱好收藏，到了同治光绪年间，市面上已经绝迹，偶或在古玩铺里发现少许，售价奇昂，已经成了可遇而不可求的稀罕物了。再者就是深紫色的，这种深紫色的，也是发过酵的宿烟，其味清馥浑雅，可以避瘴却湿。至于有一种浅绛泛赤鼻烟，虽非陈年老烟，可都是转侧九揉，万杵回春，烟中极品。另外是红色鼻烟，又分明红、暗红两种，明红朱丹似火，不知者能误为保赤散，这是意大利宫廷秘方；暗红是西班牙王室专用鼻烟，流到外间的极少，隽蕊檀心，得之者视同珍宝，等闲也不会拿出来一嗅的，因为鼻孔抹红，不太雅观，就是闻，也在居家燕息时闻闻而已。现在大家经常闻的不过是深黄浅黄两种。后来洋烟到货日稀，价钱又高得吓人，有时还买到冒牌货。同时中国自己会制鼻烟后，大约在道光咸丰年间，出了一种熏烟，制法也是把烟叶加工碾成细粉，再用各种鲜花来熏，最普通的是茉莉熏、玫瑰熏，紧跟着又出了水仙、兰花、珠兰、黛黛花、白兰花多种熏烟。据说谭鑫培有一罐荔枝味的熏烟，是余叔岩想跟老师学点绝活，不知从什么地方淘换来孝敬老师的；老谭曾经给田桂凤闻过，据说相当不错，有人说是舶来品腊烟，据我猜想十之八九是广东南海梁家的特级品，因为好荔枝出在岭南，欧洲还没听说哪国出产荔枝呢！"海南梁家以擅制熏烟驰名两广，后来跟梁均默先生谈起，也认为所云不差。

郭世五不但是藏磁名家，而他最自豪的是古月轩精品自然八景全在他家，他给袁项城担任总务处长时，忽然对舶来品鼻烟的素罐发生兴趣。一般素罐是从四两到十六两，最大的有四斤罐装的。鼻烟名称，有"大金花""小金花""红枝头""黑枝头""百灌香""琥珀酸""十三太保""十二红"近十来种之多，他费了九牛二虎之力，才凑成十二种。至于市面上流行的，也不过是"大金花""小金花""十三太保"三数种而已，就是这数种也还分真瓶假烟、假瓶真烟、烟瓶都假，情形纵横错杂，货价各异。一只真十三太保玻璃瓶子的瓶塞，细而且长，深入瓶颈，密不透气，把瓶盖塞上，在塞头棱角地方用丝绳吊起来，瓶子跟瓶塞互相咬紧，绝不脱落，行家一看便知，那是骗不了人的。这次看丁香吃素斋对我来说，这种盛会已参加过两三次不算难得，可是几位老前辈，你一句我一句闲话鼻烟，讲的都是我闻所未闻有关鼻烟的故实，实在增益了不少见闻。郭世五跟蒯若木两位先生收藏的鼻烟壶多达三百多只，星编珠聚，全是鼻烟壶中精品；他们还打算广征同好，开一次鼻烟壶鉴赏会，好在他们两位都是有钱有闲鉴赏之士，在不到三个月时间，居然搜集了八百多只，原打算凑成千只，在当年重九佳节，邀请爱壶同好共同品鉴一番，可惜突然卢沟桥事变发生，大家东逃西散，这个盛会，也就无疾而终。后来听说郭世五心爱的八只鼻烟壶被日本宪兵到他家搜查时弄碎，他急怒攻心，因而不起。古人说怀璧其罪，这话是一点不假的。

老鼻烟壶其来有自

——读了《师徒对唱》后

盖老如晤：

　　读了第八十二期《电视周刊》，有令高足钱璐女士写的一篇《师徒对唱》，您师徒二人吃饱了打牙涮嘴儿，来消食化水，怎么把区区也裹到您二位的对唱里头来了？多蒙抬爱，实在深感惶恐荣幸之至。古人云，"名师出高徒"，有状元师傅就有状元徒弟，有老盖仙就有小盖仙，是一点儿也错不了的。令高徒称在下老鼻烟壶，您知道老鼻烟壶儿这典故所由来吗？北平老年间有一句歇后"有鼻烟不闻——装着玩儿"，这件事得从言菊朋说起。当年的北平京剧名老生言菊朋由票友下海，以老谭派自居，不但在台上学老谭，就是饮食起居也要模仿老谭。老谭有闻鼻烟洗鼻子的习惯，咱们言三爷自然也得照闻照洗不误。烟袋斜街有一家开古玩铺的毓四，是专喜欢冒坏的，有一天拿着一个鼻烟壶在言三爷眼前晃悠，言三哪有不闻不问之理？一问之下，毓四说是从谭老板那儿得来的。言三一听之下是谭老板把玩过的鼻烟壶，死乞白赖要求毓四让给他，这个鼻烟壶最后自然以高价到了言三手里。言三把它视同瑰宝，整天揣在怀里，遇见熟人，就掏出来显摆一番，您要想闻一鼻子，那可办不到，言三宁可拿另外一只烟壶装的鼻烟请客，那个宝贝烟壶只能摩挲摩挲，而不能开盖一闻的。当时弟正给沙大风的《天风报》写梨园掌故，于是在报上给言三起了个外号叫他"老鼻烟壶"，再经奚啸伯、叔偓昆仲一起哄，言三这个外号大家就叫开啦。想不到小弟给人起的外号，居然有人还绷子，把老鼻烟壶这个名词加到咱的头上来了。令高徒博学多闻，真叫人钦佩，"名师手下出高徒"这句话的确不假。

咱哥儿俩是平起平坐的好朋友，您的高足一时高兴叫了小弟一声"唐爷爷"，这个尊称实在愧不敢承，只好效法古人"谦称敬璧"了。不是别的，您徒弟再矮一辈不要紧，岂不是连师傅也掉炉坑里了吗！

听说台北因为受开梅台风环流的影响气温骤降，弟本打算再去趟台北吃几次炰烤涮解解馋，听听元彬的《嫁妹》、元坡的《长亭》过过戏瘾。可是一听您的高足说："等这老鼻烟壶儿来了，准备下美酒先接风后讨教。"萧太后的筵席，弟准知是好吃不好克化，弟这二把刀不南不北的手艺，怎能在您师徒二人跟前献丑呢！赶大车的有话，踏！踏！咱赶紧往后捎吧！

与林语堂一夕谈烟

　　记不得民国十几年了，正是北平的芍药季儿，中山公园来今雨轩太湖石座前方，有一个芍药圃，朱栏玉砌，灿烂盈枝。这一池芍药，是有名的玉搔头，颜色纯白如玉，花大有如冰盘，每一个花瓣上有一条极细的金线，据说是前明的异种。当时公园董事会会长是做过内务总长的朱启钤先生，每年春风解冻，牡丹、芍药卸下稻草的冬衣的时候，他一定要在自己的车马费里，提出点钱，让人炖一锅又稠又浓的蹄子汤给这株玉搔头施肥，称为"催妆"，所以这一池芍药，缤纷艳逸，气韵超群。笔者有一天正在轩前瀹茗，槛外赏花，忽然看见《晨报》副刊主编孙伏园同着一位清扬渊邈、卓尔不群的朋友迤迤而来，经过介绍才知道是我仰慕已久的幽默大师林语堂先生。林大师对于名种芍药玉搔头是只闻其名，未见其花，所以约了孙伏园一同欣赏。既然同是赏花，就坐在一块儿来啜茗了。林大师是抽烟斗的，一瞧笔者也是烟斗同志，用的是邓赫尔牌烟斗，抽的是开普顿烟丝，烟斗、烟丝彼此都是不谋而合，也就是抽烟斗的资格不相上下。聊着聊着，自然就聊到抽烟的问题了。当天林大师兴致很高，即席发表了一番高论，真是闻所未闻,令我毕生难忘,因此记得也特别清楚。他说：

"有人认为不抽烟的人，大多是清标霜洁、道德高尚的，当然他们可能有超群逸伦、在人前足以夸耀的地方，可是那些人不知不觉已经失去了人类一种最大的乐趣和享受。我们抽烟的人应当不否认抽烟是一种道德上的弱点，可是在另一方面，我们要跟那些毫无弱点的人相处，千万要小心谨慎，他们永远清醒，绝不做出错误事情来的。习惯是有规律的，生活是机械化的，情感永远被理智克制的。我当然也喜欢明白事理的人，可是那些仁兄整天道貌岸然，凡事彻头彻尾都讲究合情合理，请想这样一位板板六十四的朋友，多么乏味，可有什么交头呀。因此，当我走进人家会客室，要是桌上没有烟灰缸，心里就觉得不自在，而且犯嘀咕，脑子里立时刻画出这里的主人，必定是特别爱干净，沙发上靠垫子如果搁歪啦，都要把它弄整齐了才舒服。主人既然是循规蹈矩，理智胜过情感的人，我自然也得赶紧装得恭慎循理，威容端严的样子来。可是这种小心敬事的行为，也就是我认为最不舒服的行为。

"这些谦和善让、守礼谨行、毫无感情、缺少诗意的人们，永远不会领略到抽烟在道德上和精神上的好处。可是我们这些叼着烟斗的人，在道德方面时常会受人攻击，倒是在艺术方面往往反而受人尊敬和赞美。所以凡我抽烟同志，首先要维护抽烟人的道德；其实严格分析起来，抽烟人的道德大体上是比不抽烟的人更高尚的。一个嘴里叼着烟斗的朋友，也许是物以类聚的因素，好像比较和蔼可亲，一见面就容易谈得拢，有的时候，在谈笑风生中，衷心的隐私，情怀的郁闷，都会在逸兴遄飞、不知不觉中排江倒海，毫不保留地倾吐出来。

"萨克雷（Thackeray）曾经说过：'烟斗可以让哲学家的嘴里发出智能之言，而闭了愚蠢之口；抽烟斗能帮助人产生沉思默想、和蔼可亲、坦白而自然的风格。'这些话是对抽烟斗的最好的铭赞，凡我同嗜，能不首肯吗？

"抽烟斗的人在雪白的衬衫上，也许会发现被烟灰烧焦了的小洞，或者是藏有烟屑比较龌龊的手指甲，那些都是不关紧要的小事。坐在您旁边，是一位沉思默想、和蔼可亲、坦白自然的人，彼此能够率性无邪，出言可复地放言高论一番，你还在乎他衬衫的焦洞、指甲里有烟屑吗？

"诗人梅金（W. Maggin）有句名言说：'抽雪茄的人，没有一个自杀过。'我更往深里补充，我认为抽烟斗的人，就没有一个跟老婆吵过架的，依我本身来说，就是这样不折不扣的事实。您想一个烟斗不离嘴的人，哪又能高声叫嚣，呶呶不休呢？我相信抽烟斗的朋友，必定同有此感。一个叼烟斗成瘾的丈夫在生气的时候，虽然是怒容满面，但总是立刻站起身来，把烟斗装满点起来猛吸两口。你放心，那种气氛一定不会维持长久的，因为一斗在握，情感已然找到出路，虽然他也许仍然维持着愤然之色，可是断难持久，像过眼的烟云，渐渐冲淡，终归化为乌有。因为烟斗里缕缕传出、渊醇断续的轻烟太醉人、太适意了，把吸进去的烟再喷出来，似乎也把蕴藏在心里的怒气，一口一口地发泄出来了。所以当一位贤惠的妻子，看见丈夫将要勃然大怒的时候，她应该轻轻把烟斗装好，放在先生的嘴里，对他说：'好吧，来一锅子，把不痛快的事情忘掉吧！'这个公式是百试百灵，始终有效的。妻子也许会失败，可是烟斗是永远不会失败的。

"当我们想象一位瘾君子短期戒烟，当时六神无主、颓丧恍惚的神情，我们才能充分体会到抽烟在精神上、文学上、艺术上各方面的价值。凡是抽烟的人，大多犯过一时糊涂，立志戒烟，跟烟魔搏斗，一决胜负，后来跟自己幻想中的天良斗争一番才醒悟过来。我有一次也糊涂起来，立志戒烟，经过三星期之久，才受良心谴责，重新走上正道来。我这套烟的理论是万古常新、永久不变的，咱们既然彼此意见相同，希望坚此信念发扬光大。"

那天林博士气韵冲和，谈锋雄健，简直欲罢不能，孙伏园催了几次都不肯起身。我们直吃到月移花影，灯迤夜阑，才离开公园回家。

林大师生前，说他自己是一个伊壁鸠鲁派信徒，享乐主义者。他乐享生活，而不拘于凡俗形式，有话想说就说，想笑就笑，证诸我们在来今雨轩一夕倾谈，他的言行是表里如一。虽然有些笑谈，可是您要把他的话，细细地咀嚼一遍，都是含有高深哲理的。我们曾经相约，彼此有生之年，心不生戒烟之念，口不出戒烟之言。所以笔者多年来始终守此信诺，就是在抗战期间，烟丝那样难得，用烟斗抽过关东台片、兰州青条、四川金堂，不管怎样困难，可从未有过一丝一毫要戒烟的念头。想不到一九六八年忽然十二指肠溃疡，上吐下泻，休克多次，只好开刀割治，医生坚嘱今后抽烟嗜好必须戒除。现在斗架已然积尘寸余，回忆前游，令人有无限的哀思迷惘。但愿我这位半师半友烟斗同志，在天之灵一斗在握，渊渊含吐，垂之永恒吧！

香烟琐忆

　　您别看八厘米、十厘米长的一根烟卷，烟瘾大的人三口两口就吧嗒完一根，烟瘾小的人，也不过五分钟一根也就剩下一点烟头啦。要让人家内行说，其中可尽是讲究。就拿烟卷牌子来说吧，抽烟的人只知烟的好坏，谁还管什么牌子不牌子，可是要叫人家烟卷专家一解释，那里头学问可大啦。

　　当年英美烟公司总经销王者香说：公司新出一种香烟，烟味的好坏倒在其次，牌名的响亮不响亮，反而特别重要。何者适宜做高级烟的牌名，何者适宜中级，何者适宜低级牌名，个中人可意会而不可言传，一听便知道这个名字，可以排在哪一级。起个中下级烟的牌名，简直俯拾皆是，人人会起，您要想起出一个真正够得上高级烟的牌名，那就是可遇而不可求，戛戛乎其难啦。当年大英烟公司征求高级烟牌名，有人拟了一个"白政府"牌子被公司录用，奖金三万元现大洋，您说惊人不惊人。

就拿英美烟草公司出品的茄力克大炮台来说，一般卷烟制造业一致公认这是高级烟的牌名。大前门牌名虽然也不错，可是讲气魄、论音量，只能列入中级了。至于大小孩、翠鸟、别墅、美女一类，那就不折不扣是低级烟的牌名了。

在抗战之前，依照政府的规定，全国只有上海、汉口、宁波、天津、青岛五个地区准许设厂制造卷烟。到了日本侵略华北，河北保定设了个华大烟厂，山东烟台成立了同顺、东盛两个烟厂，一直到抗战胜利，这三个不合规定的烟厂，才勒令结束。

在中国设厂制造的烟卷，究竟有多少牌子呢，民国二十四年财政部税务署登记有案的卷烟牌名一共有七千种之多。像炮台烟分大炮台、炮台、小炮台，红锡包、老刀又都有大小两种，真要详细计算，恐怕还不止七千种呢。

制售卷烟，因为利润优厚，所以商场上的竞争也特别激烈，光怪陆离，无所不用其极。记得有一年街头巷尾忽然到处都贴满二尺宽、三尺长、中间画着一个大红鸡蛋的广告，一贴就是个把月，结果由红鸡蛋破了，孵出了一个胖娃娃，敢情是大婴孩香烟创牌耍的一记噱头，结果这个卷烟，果然全国风行，大赚其钱。翠鸟牌香烟照方子抓药，也在翠鸟广告加印一个大"烤"字，那是说明他家用的都是烤烟，也就是复熏过的烟叶。可是抽烟卷的只求物美价廉，管你烟叶烤过没烤过呢，所以在宣传上，就没有像大婴孩那样收获丰硕了。

民国初年有一种鸡牌香烟问世，单层蓝铜版纸上头印着一只大公鸡，既没玻璃纸，更谈不上用铝箔包装，每盒五支，还附赠五支加蜡纸嘴，行销了好几年，才被其他新牌子取代。后来舶来进口六十支听装的福禄克高级香烟一批，听子一打开，里头有丝绸印的万国旗，各国风景名胜，世界珍禽异兽，跟着进口的听装茄力克罐子里改成珐琅烧瓷各国宫廷的照片来争奇斗胜。最妙的是南洋公司出品听装的白金龙，也不甘示弱，大登广告说明每买一打香烟准有三听有彩，在铁烟碟底下扣着一块现大洋，哪知道一听烟加上一块现大洋，分量当然加重，而且一摇总有点响动，结果有彩的听子香烟全让人挑去了。南洋公司一看大事不妙，后来把现大洋换成中南银行发行五族共和一元钞票，大家才没办法取巧，从此白金龙倒也在市场上，成了畅销的香烟了。

上海有个华成烟公司，全是国人资本开

设，在广告、宣传、推销、技术各方面都斗不过洋商，后来亏累不堪，几近关门大吉。有一天召集股东研商怎样收歇，正开着会，忽然从天花板里掉下一只肥硕无比的大老鼠来，在会议桌上窜来跳去，就是不肯下桌。有位股东灵机一动，认为民间传说老鼠是财神，既然老鼠示兆，何不孤注一掷，以老鼠为名，再出个牌子试试，于是出了一种金鼠牌香烟。想不到金鼠一上市，居然全国各地到处畅销，甚至供不应求，几乎把英美烟公司几个同等级的烟挤垮。英美一看情形不妙，于是赶紧出了一个大联珠的牌子并且附赠画片拿来抵制，从此香烟里附赠画片大行其道，什么封神、水浒、西游、歇后语、三百六十行，都成搜集画片的瑰宝，比起现在集邮的狂热，尤有过之。后来华成趁抗战胜利余威，又用王美玉的照片出了个"美丽"牌香烟，"双喜临门"又风靡一时。英美虽然出了个"梅兰芳"牌香烟来对抗，可也没把

"美丽"牌整垮。华成从此垂死复苏,反而跟英美、南洋,在卷烟界成了鼎足而三的局面,都是那只金鼠带来的偌大财运立的大功。

各烟草公司除了在卷烟品质上,力求精进、互不相让外,对于包装外观图案设计,更是钩心斗角唯恐落后。颐中烟公司华北运销部经理石雅三,是专门研究广告学售货术的专家,他说一个牌子出来第一要抢眼(引人注意),第二激发兴趣,第三让抽烟的赶快打开钱包。要抢眼,首先要在包装纸的颜色上下功夫,粉红、浅绿、淡青、藕荷色都是顶容易引人注意的色调,可是偏偏这几色,最经不起日晒风吹雨淋,稍微不小心,包装纸就会褪色,虽然烟是新出厂的,可是包装纸一变色,顾客心理上总有点不除疑,所以设计图案配合包装纸的颜色,尽量避免以上四色。如果一定要用四色,必须造纸的时候,在纸浆上下功夫。

有人说当年最流行江南一带叫红锡包、

华北一带叫大小粉包的香烟，不就是粉红色的包装纸吗？不错，红锡包是用粉红色的包装纸，不过红锡包的包装纸，是在英国制造，包装纸的纸浆里就先加工渗色，不是一般染色纸，所以不怕风吹日晒。当年有个华北烟公司，是几位青年才俊集资创办的，出了一种二十支装软包的"飞达尔"，误打误撞是用的浅黄包装纸，因为黄色褪色不显，构图又全都是洋烟形态，没有一个中文字，大家还真让他们给唬住了，全部认为是舶来洋烟，因此一炮而红。他们又经营"美的冰室"专卖美女牌纸盒冰激凌，又是大赚其钱。华北公司跟着出了一种五十支听装的克雷斯香烟，为了标新立异，包装纸是用的浅绿颜色，这一下可糟啦，本来听头香烟不像十支二十支装香烟比较大众化容易卖。听头烟往橱窗玻璃框里一放就是十天半个月，纸一褪色，讲究派头的人嫌不雅观，全改抽别的牌子啦。这就是不明白用浅绿色得先从纸浆上下手的秘诀，把整个公司都因此弄垮的例子。

　　真正懂得抽烟艺术的人，在抽烟的时候，会一支在握，不时欣赏一下烟支上的钢印。美式香烟一切都是粗枝大叶，什么刀口的齐整、卷制的松紧、钢印的良窳，严格说起来，实在谈不上精细完美。至于像英式香烟、小炮台、大红锡包烟支用皱纹锁口，那就更不用谈了。

　　拿颐中烟公司来说吧（先叫"英美"后改名"颐中"），他家出品百分之九十九都是英式香烟，只有"百利"牌香烟是美式的，所以对于烟支上的钢印，讲究秀雅拔俗，工整细致，喷金撒银，甚至三彩精印。当时全国有三十多家烟厂，要谈到烟支上的钢印，哪家也比不过颐中烟公司，同是一个牌子，如果烟有大小之分，包装纸可能一样，可是钢印绝不相同。拿三炮台的钢印说，是竖式印有金花，小三炮台就改为横式三行铅字体了。据说外商知道中国人特别喜爱金色，取其金碧辉煌，为了迎合顾客心理，所以茄力克大炮台等一级品香烟都印有金色标志。可是他们自己人好像对于金色似乎有点敬鬼神而远之的态度，专拣自己产品里没有金色的香烟抽。员工配合品大半都是小炮台，就是高级职员，也没有抽茄立克大炮台的。

以舶来品英式香烟来说，钢印真有刻得细腻生动，耐人赏玩的。拿现在台湾可以买得到的茄立克三五牌而论，茄立克上面人面狮身古埃及王室的标志就是钢印中的杰作。罐头三五牌虽然简简单单三个"5"字，可是"5"字上的金粉黄里带红，是经过专家研究配出来的金色，其目的是怕人假冒。假烟可以鱼目混珠，黄里带红的金色真假一望而知，是假冒不来的。

当初三个"5"一上市，只有五十支听装，既不用滤嘴（当时还没发明过滤嘴），烟支也比较窈窕，烟味醇和香气高雅，是妇女专用香烟。现在市面听装三五早已绝迹，所见到的都是加滤嘴二十支硬纸盒包装的了。以往三五烟的冲和气韵固然荡然无存，卷烟的松紧，似乎也欠均匀。现在如果有人敬您一支三个"5"，您拿起来点着就抽，您绝不敢肯定说是三个"5"，倒是烟支上的三个"5"字熠熠发光，仿佛千古不磨似的。最近更糟啦，连千古不磨的金字，也改三个蓝色双钩的"5"字。有人说抽烟喝茶，口味越来越高，假如您偶或有今不如昔的味觉，那可能是您的口味又高升一级啦。

说雪茄

"雪茄"名称的由来

人类开始抽雪茄,远比抽香烟为早。至于为什么叫它雪茄呢?由于事隔四五百年,年深日久,大家对于这个名词,也都知其当然,而不知其所以然了。依据植物学专家的考证,是从西班牙文的"雪茄拉"蜕变而成,"雪茄拉"原本是植物上一种害虫,它的形态,和雪茄一样。

最早的雪茄

一四九二年十月二十八日，哥伦布乘坐"圣玛利亚"号帆船，发现美洲新大陆，率领一群水手在古巴登陆。他们看见萨尔瓦多土人的酋长，嘴上叼着一根褐色小火把，吞云吐雾，悠然自得，满室氤氲，散发一种异香，觉得非常奇特。哥伦布在美洲新大陆盘桓了很长一段时间，部下水手闲来没事，有人为了好奇，跟土人要来抽抽。不料一吸之后，恍如轻微中酒，可是提神振气，立刻消除疲劳。

远离乡土的人，一闲下来，总是感觉自己空虚寂寞无聊的，抽支雪茄，就能从繁忙中得到松弛，疲惫中得到轻快，对于生活的调剂，自然产生了绝大的功能。很快的一传十，十传百，大家都有了烟瘾。每天要是不抽一两支自卷的雪茄，就觉得惶惶若有所失，浑身不自在，干什么活儿都提不起劲儿来。于是大家跟随哥伦布返航西班牙的时候，不但买了大批雪茄烟叶，并且带了若干雪茄烟的种子，在西班牙大量种植起来。

雪茄烟最初是在西班牙贵族阶层流行，当时并设有"雪茄沙龙"，聘请熟练抽雪茄的人担任教师，教导绅商仕女怎么样点燃雪茄，如何拿雪茄才是优美娴静的姿势，燃烧到什么时候磕烟灰最适宜，并且指点喷吐烟圈和其他各种吞吐的技巧。

雪茄烟在欧洲的盛衰

雪茄烟再由西班牙传到英、法、荷、意后，这些国家的贵族，都认为雪茄是水手们从蛮荒人处学来的，起源下流，不屑一顾，只有一般劳动阶级来抽。可是罗马教皇乌尔班八世，不知道为了什么，忽然心血来潮，他谕知神父们在领导望弥撒的时候，必须点燃雪茄。从此以后，庄严肃穆的教堂里，烟味蓊郁，紫雾弥漫，一直到第十世教皇忽然又下令在教堂里禁燃雪茄。

可是这时候欧洲各国一般平民，一方面为了好奇，早就借口教堂里都准点燃雪茄，而相率大胆抽起雪茄烟来。久而久之，都有了烟瘾，雪茄反而变成日常不可或缺的必需品啦。

这个时候，贵族王侯、豪门巨室仍旧认为，抽雪茄是水手们不登大雅的野蛮玩意儿，坚持原则，不抽雪茄。可是有些贵族子弟偏偏不太争气，见猎心喜，背着家人长辈偷偷地抽来玩，日子一久，跟普通人一样，个个上瘾，也都变成非烟不乐的瘾士了。

到了一八五一年罗马教廷对雪茄烟的厌恶态度，又有改变。颁布了一道新谕令，不但取消禁吸雪茄的前令，而且对于凡是反对雪茄的人士，一律判处监禁。从此雪茄烟又再度在欧洲渐渐抬头。到了十九世纪末期，所谓绅士阶级，每人叼着雪茄烟在大庭广众之间喷云吐雾，怡然自得，好像一支在手，才够派头似的。

美国雪茄烟

美国在殖民时期，妇女们为了赚点零用钱，用纤纤玉手卷出各式各样的雪茄烟在街上兜售，有一种细支味淡的雪茄烟是专供妇女吸用的。因为当时还没有发明纸烟，妇女要抽烟，也只有抽雪茄烟。到了一七七〇年，雪茄烟的消费量，一天比一天增加。在宾夕法尼亚州兰加斯特城，首先有一家正式雪茄烟厂出现。后来虽然有了纸烟，可是在第一次世界大战之前，纸烟在瘾君子眼里，实在没法子跟雪茄烟等量齐观。除了少数妇女或文弱的男士外，大家都认为口含雪茄才够豪迈英勇，有男子汉的气派。

第一次世界大战改变了吸烟的趋势

在第一次世界大战，双方战斗正酣，联军前方战士，精神苦闷无聊，个个希望后方能充分供应雪茄烟，用来解乏提神，增加耐战能力。美方政府于是订购了大批雪茄烟供应前方将士。当时雪茄烟厂老板只图近利不顾商业道德，加上前方催货急如星火，有的厂家经验、技术都不够水准，烟叶干燥程度不足，就粗制滥造赶着出厂交货。雪茄烟运到前方戍守在沼泽地带，或者在战壕掩体待命出击的官兵，领到的雪茄当然谈不到如何保持干燥，再加上雪茄烟本身所含水分太高，左点不着，右点不燃，划了一堆火柴，烟还是吸不到嘴。

久战沙场的人，多半情绪激动，有的暴跳如雷，有的秽语唾骂。在第一次战役，因为在壕沟里划火柴，火光闪烁，此起彼落。被敌机发现，一枚炸弹，临空一掷，壕内战士，全部牺牲。从此前线官兵，对于雪茄烟，深恶痛绝。于是在欧洲战场上的美军和欧洲盟军，纷纷改抽纸烟。而卷烟制造厂，又能抓住机会，锐意革新，提高品质，再把赚来的利润，拿出一部分来，大肆宣传。所以在第一次世界大战终了，纸烟几乎霸占了整个市场，把雪茄烟几乎完全打倒。

到了第二次世界大战期间，雪茄烟规定由政府向登记合格的制造厂收购，各制造厂鉴于前次失败的教训，力图湔雪前耻，换回声誉，无论如何要抢回失去的市场。一方面提高品质，也由手工卷制改为机器包卷；同时医学界又高唱癌症的猖獗，烟纸是罪魁祸首论调，于是来了个宣传攻势，说烟不是癌症的致命伤，卷烟的纸才是感染癌症主要的媒介。这种说法，透过各阶层刻意扩大宣传，癌是不治之症，人人惧怕，于是前方将士又一窝蜂对雪茄烟发生浓厚兴趣啦。

雪茄烟厂苦心孤诣的宣传术

大战末期，在法国诺曼底，第一位空降的美国伞兵，就是嘴里衔着雪茄烟着陆的。

雪茄烟制造商认为良机难再，趁此千载难逢的机会，又大肆宣传一番，吸雪茄可以提高勇气，更把雪茄的身价抬高了不少。

各种行业中，最善于宣传、肯花大钱来做宣传的，恐怕莫过于早期烟草制造业啦。雪茄烟的亨白、老美女，卷烟的吉士、骆驼，用在推销宣传的费用，真是大得太惊人啦。美国在早期电影里，口衔雪茄，身穿工装，头戴鸭舌帽的，大家一看就认定他是歪哥。这种宣传，无疑对雪茄烟的销路发生了严重的坏影响。于是由雪茄烟协会领头发起，向好莱坞影坛进军，提出交涉。希望不要让银幕上的暴徒，口衔雪茄。起初是遭到好莱坞影业当局拒绝，后来协会用种种手法向影界权威人物提出，全美国有二万五千家雪茄烟店，每天经过雪茄店的行人，照最保守的估计也有五百万人。假如好莱坞当局同意，嗣后在影片里饰演坏蛋、强盗、流氓者流，而改为脑满肠肥的董事长、总经理、绅士型大亨人物，口叼着雪茄烟，则全美国三千多家雪茄烟店，愿意免费给各影片公司新出品做广告，以资吸引观众。这个两蒙其益的建议，终于得到各电影制片商的全力支持。

这样一来，雪茄烟不但受到美国各阶层男士的欢迎，就连妇女们也不再提出抗议了。同时正是大家对于癌症谈虎色变、畏如蛇蝎的时候，制造雪茄烟的厂商拼命说烟叶不会让人感染癌症，可怕的是卷烟纸，更增加了一般人对卷烟的恐惧，不管真假都摒弃纸烟，改抽雪茄。雪茄烟从此又获得新的转机，进而风行各地，虽然没有把香烟打倒，可是雪茄烟终于抬头，和纸烟并驾齐驱了。

雪茄烟的种类

中国人喜欢抽雪茄烟的本来不多，一般抽雪茄烟的朋友，也只是知道雪茄烟，或者是吕宋烟而已，很少有人细细去研究它的。

其实仔细分析起来，雪茄烟的种类可太多啦，以产地来说，约略可以分为三大类，是荷兰、菲律宾、古巴。

荷兰烟的颜色是灰中带绿，包在表面的一层外叶，薄如蝉翼，细润有光，吸起来温淳泡泡，清美融舒，比之香茗，有如西湖龙井。

菲律宾雪茄烟色褐里泛红，纤维较粗，纹理分明，烟味香醇厚重，无论是机器或人工卷制，都不如荷兰烟卷细致精巧，表里均衡。可是沉着雄劲，又非荷兰所能及。要抽菲律宾的雪茄，应当买平头式，最好避免吸用密封式，因为密封式必须用特制剪烟刀，将吸口剪成鱼嘴形来吸，才不至于劫火或者吸到一半烟就烧偏，这固然是卷制时候松紧欠匀，可是吸者功夫不佳也有关系。菲律宾的雪茄，以吕宋岛、苏门答腊所产烟叶卷制的最好，甘而凝重，馥郁冲和，比之香茗，有如双熏香片。

古巴的雪茄烟是最受欧美绅士阶级珍视

的，不但秾纤各异，而且种类繁多，有的新清柔美，有的醇正湛香，可以各取所需，各选所好，比之香茗有如祁门红茶。当然还有若干国家出产极品雪茄，现在不过把众所周知，举其荦荦大者来说罢了。

特制的雪茄烟

自从十九世纪初，雪茄烟在上流社会里风靡一时后，拿破仑三世有位宠将汉得森，功高震主，既富且贵。人有了钱，就要折腾，他花了十几万元美金，到哈瓦那定制一批专用雪茄，在雪茄上镶有金嘴，除了四周刻有皇家统帅的徽志外，正中还嵌上代表法皇拿破仑姓名的"N"字。今天有若干烟环上还印有凸出金黄"N"字的，那就是当年汉得森大将的流风余绪。后来雪茄收藏家，都以自己存有这种特制专用雪茄为无上珍品。加拿大有位雪茄收藏家，搜集到当年汉得森特制的金嘴雪茄，居然有十二支之多。

英法两国雪茄收藏家对于雪茄烟上的纸环，似乎特别感到莫大兴趣，当年合肥李鸿章奉派为钦差大臣，出使英国，英国宫廷对于李文忠礼遇优渥，特别给李中堂订制一批雪茄，二十五支装烟匣上烫有对李的惠临表示欢迎、中英邦交从此永固的字句。烟环上并且印有李的朝服像，还嵌有一粉米星小珠子，垂绅搢笏，仪态万千。笔者民国二十年在上海孟德兰路李氏裔孙李瑞九府上，曾经瞻仰过，我想欧洲各国雪茄烟收藏家，必定还有人收藏着这种稀世珍品呢。

英国故首相丘吉尔，不但是抽雪茄的专家，而且烟瘾奇大，时时刻刻嘴上叼着雪茄。张伯伦的洋伞，丘吉尔的雪茄，可以说是这两位首相独有的标志，也成了漫画家笔下的特写重点。丘所吸的雪茄烟就是加工定制的，据说丘的雪茄定制总是两支一批。每次卷制的时候，他的私人医生，必定参加工作，在烟里加入药料。有人说防止喘咳，有人说提神醒脑，总而言之，他的专用雪茄每支都掺有定量药剂，那是千真万确的。

丘氏遇有重大疑难问题，喜欢把卧室加锁，一个人脱得赤裸裸的，关在屋里，雪茄烟是一支接一支地点燃，或走或卧，沉思冥想。诺曼底登陆计划，就是这样情形之下完成的。他在卧房，不眠不休，绕室彷徨了将近一星期。据他的侍者说，他后来进屋打扫清洁，发现到处都是烟蒂，地上铺了一层雪茄烟灰，数一数残留烟蒂有八十多枚。平均每天要抽十二支以上，从此英国无人不知首相丘吉尔是雪茄大亨了。

雪茄烟的故事

俾斯麦铁血宰相是举世闻名的，同时也是雪茄宰相，大概知道的人还不多吧。当奇里克里血战方酣的时候，他的军装口袋里放着一支雪茄。当前线攻击火力暂停，他本想点燃吸两口提提神，忽然炮火又转炽烈，于是顾不得吸烟，又把这支烟放回衣袋里，立刻聚精会神指挥作战。等到战争胜利结束，他顾盼自雄，以胜利者的心情巡行劫后余烬的战场，发现废墟边躺着一个奄奄待毙的骑兵，两腿已被炮弹炸飞。俾斯麦走到他身旁，濒死的骑兵对着他喊说："不管是什么对象，只是现在我看得见，我都喜爱。"俾斯麦伸手进口袋里摸摸，只有几枚金币，此外就是自己想抽而没工夫抽的那支揉碎的雪茄。他想金币对于一个濒临死亡的人，是丝毫没有用处的，于是默默地把那支自己老是舍不得抽的雪茄点燃，放在骑兵嘴里，让他抽临终前最后一口雪茄。后人在俾斯麦日记里，发现他写着："那悲哀的骑兵，脸上浮出来的充溢着感谢的微笑，是我有生以来，所抽过最珍贵、最有价值的一根雪茄烟。"

世界上有收藏雪茄烟癖好的人非常多，

瑞典国王古斯塔夫十五世，是收藏雪茄烟烟环最多的一位。他的庋藏据说有五千多种，珍藏簿是鳄鱼皮封面烫金特制，每本贮有烟环五百枚，每枚都有防潮防裂保护套，同时对每一枚烟环历史，都有详细记载。倘若发现某处有一枚烟环，是他珍藏簿所未搜集的，他能千方百计不惜任何代价，把那枚烟环收归己有，才肯罢休，人称这位国王是烟环收藏最富的一级专家。

洪宪时代，一度是袁项城红人的汤住心（芗铭），湖北蕲水人，海军出身，他从海外学成回国，就有了搜集雪茄烟的嗜好。晚年住在北平石板房胡同，精研佛典，皈依密宗。家里有一座佛堂、一间名叫紫云龛的精舍，佛堂大大小小沙金七宝浮屠有一百多座，奇形怪状密宗的诸天菩萨，不计其数，至于密宗分门别类的法器，更是应有尽有。收藏雪茄烟的叫紫云精舍，屋里防潮、采光、通风，都是针对如何保卫他那批心爱的雪茄烟而设计的。一座佛堂，一楹精舍，平素都是重门深扃，未经许可，等闲人不准越雷池一步。

大家都知道烟叶可以杀虫，可是雪茄烟如果保管不善，反倒容易生虫，因此汤住老常为烟虫所困扰。他的哲嗣佩煌在武汉和笔者昕夕盘桓，过从甚密，他知道当时舶来进口雪茄都由笔者经管稽征，而笔者又是嗜茄有癖的，想必知晓雪茄烟怎样保护才能防虫。有一年春节，我跟佩煌兄一同回北平过年，他特地约我到他家吃春卮。住老那天特别高兴，亲自引领瞻仰佛堂，随后来到紫云精舍参观瀹茗。

他收藏的雪茄，多达四千七百多种，不但编号，而且订有两本用缎面绫裱宣纸加矾的"藏烟小志"精装册页。所有藏烟按国籍、产年、制造厂、包装情形，分门别类拍有照片，用中文正楷详细记注，其中有些特制雪茄，或者有历史性的雪茄甚且把它身世小史，也都旁注说明。不用看烟，就是浏览阅读这两本册页，已经令人舌挢不下，叹为观止了。

住老藏的雪茄以包装来说，从一支，两支，三支，五支，十支，十二支，二十五支，五十支，一百支，二百支，最多的有五百支大木匣装的。以装潢来讲，用皮革，用铅铝，各种金属，花花绿绿的纸张，千奇百怪的树皮，甚至有用象牙、虬角、蟒蛇皮、玳瑁壳的，真是斑瓓锦绶，镂金嵌玉，缤纷彩阆，令人目不暇给。

烟叶卷成雪茄之后，外包叶上必须胶着物卷紧，所以也最容易诱发虫蛀。尤其一般雪茄烟匣以木质的居多，蠹蟫滋生更快。所以琅嬛邺架，排列得层次分明，可是匣里每支雪茄，可能都是虫孔斑斑，金玉其外，败絮其中。住老对于雪茄烟的虫祸，实在无可奈何，只有看着心痛可惜，而又无计可施。

在下看见这种情形，只好把个人保护雪茄烟的方法，说给住老参考。雪茄烟放在木质匣里不动，大概一年到两年必定发生虫蛀，如果打算长久保存，必须全部拿出来，把包有金银锡纸，或者麦梗、树模的外包一律剥除，用大小不拘，深度五寸，外带五寸高度，套盖玻璃匣子。匣子里铺上三四寸厚的春茶龙井，将雪茄一支一支倒插在龙井茶里，然后把套口密封，隔年启封换一次新茶，经过这样处理，一般雪茄藏个十年八年，大约可免虫蛀，外包烟叶也不致龟裂脆碎，抽起来烟味反而更觉淳正沁润，爽不刺口。

住老认为在下所说的办法颇可一试，不过这种尺寸带盖的玻璃匣子，一时难得。此老性急，立刻打电话请唐山耀华玻璃厂照样定制，后来听张一元茶庄说，石板房汤宅一口气买了一百斤春茶龙井，大概就是买来作为存藏雪茄之用的了。

英皇爱德华，在世界各国元首里，他的烟瘾之大，是驰名国际的，可是他只抽雪茄，烟斗是绝不沾唇的。

在一八五九年，他备位皇储，还未登基，

以皇太子身份到加拿大去旅行。在中途走过一片平沙无垠、红叶含霜的大草原，既看不见村姑野老，也听不到飞瀑流泉，四野静寂，只有掏出雪茄来抽，解闷祛烦。同行侍从当然人同此心，都表赞同，虽然每人都带有雪茄，可是无巧不巧，大家都忘带火柴。你寻我找，好不容易，在一个侍从钱包里，居然找到了一根火柴。这一根火柴，此时比什么东西都要珍贵。可是在旷野荒郊，朔风冽冽的时候，万一点不着，或者是被风吹灭，那么如饥似渴要吸的一支雪茄，岂不是吸不成了吗？于是所有人众围在一起，用手挡住风向，火柴一擦着，爱德华兴奋得面红耳赤，集中精神，以烟就火，猛力一吸，总算把烟点燃了。

后来他继承皇位，仍然常常提起这件事，说在他一生之中，从来没有如此紧张过。以后英国皇室贵族中，凡是吸雪茄烟，一律用火柴点燃，没有人使用打火机。直到如今，还有少数泥古的绅士，仍旧保持用火柴点雪茄的习惯呢。

北洋政府时代，也有一件有关雪茄的小故事。

交通总长吴毓麟不但是个戏迷，而且是力捧尚小云、筱翠花的捧角家。有一天尚小云和筱翠花在北平棉花上头条寓所，请上海来的一班有头有脸的人物吃晚饭，要请吴总长架架势（撑撑场面的意思），吴当然欣然前往。酒足饭饱之余，有人提议玩场扑克，于是沙发矮桌前一围，大家就玩起牌来了。一场扑克玩下来，吴总长大概输了一万块大洋出头。在当时一万块，比现在一百万恐怕还吃重。散局回家越想越窝囊，忽然想起当时每逢进牌，同座有位先生总喜欢拿着一盒五十支装亨白牌吕宋烟，在桌上晃来晃去敬烟有点可疑。

于是第二天自己带了一匣吕宋烟到尚小云家里，坐在昨天原座比画研究，哪知这一比画不要紧，居然被他看出蹊跷来了。敢情沙发前矮桌上面铺的是整块玻璃垫子，吕宋匣子蒙有一层透明玻璃纸，如果浮面玻璃纸撕掉，匣底的纸不撕，则跟玻璃垫两相映照，谁家进牌的是什么，都可以一目了然，吴至此恍然大悟。

这批老千敢情是从上海开码头到北平的，利用小云家作为掩护，避免警方注意，小云根本被蒙在鼓里。如果弄穿，让警察想法抓人，对于小云面子，未免难堪，自己也不好看。吴只得自认晦气，平白损失一万多元。后来逢酒酣耳热，是他自己说出曾经吸过一万块钱一支的雪茄，来自我解嘲，大家才把这场腥赌的事传出来。

中国制的雪茄烟

一般吸雪茄烟的朋友，总以为所有的雪茄烟都是舶来品。其实平汉铁路线上的山东兖州，早就有用人工卷制的雪茄烟啦。每匣五支装，味道还真不错，只是卷制的手法有欠均匀，吸到一半，烟时常有烧偏了的现象。

北平崇文门大街，在民国十六七年，开设一家雪茄烟的店铺，就用店主的名字叫卜护主。夫妻两人都是荷兰人。虽然是一家用手工卷烟的小型雪茄烟工厂，只有十多名工作人员，可是在卜氏夫妇热心指导之下，理叶潮润、加香、卷制，各项步骤都得做得非常认真细腻。所用的烟叶，大部分来自菲律宾、苏门答腊，外包叶全用古巴哈瓦那的特级品。烟环、木匣的烙印钢模，都是向荷兰订制的。因此卜护主的雪茄烟，烟味淡远厚重，色香俱佳，尤其烟的包装设计，堂皇绚丽，高雅脱俗。价钱方面，由于他是国内设厂卷制，不征关税，只收统税，比起一般舶来品要便宜得多。当时东交民巷的驻华使节团，以及一般抽雪茄的朋友，都成了卜护主的老主顾啦。

抗战时期，大后方全体军民悉力抗战，能抽到一支红锡包（又叫小大英），已经是沙中得金了，哪还谈得上什么老美女、可郎纳、小绿树一类名牌雪茄呢。可是四川有一种金堂烟叶，居然有人把金堂烟卷起来当雪茄来吸，等到胜利还都，再换回来一抽当年各种名牌雪茄，反而觉得不太习惯呢。

民国三十五年来台，故友任先志兄正主持专卖局的台北烟厂，该厂除了制造卷烟外，还卷制雪茄烟。据说台北烟厂产制的雪茄烟，在日据时代，主要是专供日本天皇吸用的。所以担任卷制的女工，一律采用未婚少女，以示纯洁崇敬；一旦结婚，立刻改派其他工作。前几年有几位终身未嫁的女工及龄退休，都是当年日本天皇的御用女工呢。

先志兄虽然监制雪茄烟，可是他本人是位香烟不离口、雪茄不进口的朋友，对于雪茄烟的制造，当然所知不多。碰巧在下是一个抽雪茄的老枪，所以我们在一起一聊天，就聊到雪茄烟上来了。

在下从上海来台，雪茄烟带了有二三十种之多。其中有一种我们叫它蒜头雪茄的，一头粗，一头细，粗的一头圆径有三寸半，细的一头跟普通雪茄一样粗细。这种烟是古巴产品，烟环是咖啡色印白字，清朴淳古，雅致大方，是专为工作忙、烟瘾大的人设计的。在外国有些地方是不准随便吸烟的，尤其是工厂，一定要到指定吸烟室才准吸烟。可是有的老枪，瘾还没过足，又要返回工作场所，非常别扭，蒜头烟就最能配合那班人的胃口。烟的头部特别大，点燃之后，吸一口进嘴，烟量等于四五口，特别过瘾，可是烟瘾小的千万别试，一试准会头晕。

另一种是小绿树，烟支细而且长，跟长支滤嘴香烟相等，二十支一束，十束一匣。这种烟有一优点，自己吸起来柔香湛美，别人闻着也没刺鼻呛喉的烟味。

当时在下认为这两种如果能够研究仿制，

则库存的日据时期台湾生产的雪茄烟叶，一定可以很快消化罄尽。先志兄异常高兴，回赠我二十五支的雪茄一盒，卷制得非常细致光润，一看就知是精工特制。烟环是耸金边，藕荷色底，顶上是一枚日本皇家标志，下方是个金色"S"字，这盒烟就是进呈日皇的御用余留品。另外有五束麻花形的雪茄，三支烟拧在一起，跟油炸麻花形式大小完全一样。每束扎着一条黄色丝带，他说这种雪茄，是给秩父宫殿下特制品，这位殿下吸烟不用烟嘴，麻花形便于夹在手指上。他又送了我一只木质雪茄烟盒，黑漆漆的，毫无纹饰，简直是烟盒的粗坯。他说这种盒子的木头，叫作橉筋木，是巴西稀有的特产，木质坚硬似铁，不生虫不腐不蛀，用做烟匣可以防蛀。

　　事隔二十多年，先志兄所送两种名贵雪茄，自用送人早已无存，而他自己也在前两个月，菩提证果。偶或把玩他所赠的橉筋木烟匣，辄不禁有琴在人亡黄垆邈邈之感。雪茄烟的历史比香烟久，所以故事也比较多，一时也说之不尽，有些事留待以后再慢慢地说吧。

台湾卷烟沧桑

台湾在光复之初，公卖局所属只有两家卷烟厂，一是台北，一是松山，两家出的香烟牌名都叫"香蕉"。当时国土初光，物资缺乏，纸张粗涩，油墨浮而易脱，所以香烟包装得粗劣难看，跟邮票的暗淡无光，让凡是初履斯土的人，大半都有今不如昔的感觉。宁愿买跑单帮从大陆带来的香烟抽，谁也不愿意买包香蕉烟来过瘾。

后来香烟进口，势如潮涌，海关不得不管制加强，大陆香烟的来源越来越少。松山烟厂又出了一个新牌子叫"乐园"，虽然装潢上仍然土里土气，上红下黑，有点像乡下大姑娘红棉袄蓝裤子的打扮，可是卷烟的香料，经过研究改良，脂粉味已经不像香蕉烟那样冲鼻子，卷烟的配方也经过专家们设计改善，一般人在不抽也得抽，无可奈何情形下，只好勉强接受了。

民国三十七年十月间，台湾省政府举行台湾产品扩大展览会，台北烟厂特别生产了一种绿岛牌香烟。虽然纸张、印刷都不理想，可是外面罩上一层玻璃纸，增加了亮光度，猛一看也挺唬人的。

松山烟厂当时虽然也研究出来几种新配方的香烟，可是全都未取牌名，当然包装、印刷方面更没有准备了。因为大会揭幕在即，时间迫促，只好把印刷厂初步设计尚未定案的一个图案，临时起了一个"新乐园"牌名，就拿出来应急。当时因为物资缺乏，成本控制奇严，包装方面外包用了玻璃纸，内包就不能再用铝箔纸。绿岛既然用了玻璃纸，新乐园就只好用铝箔纸了。现在市面上销售的新乐园，就是原始包装纸的图案，画面既有椰影婆娑，又有繁枝老树，真所谓时不分春夏秋冬，地不分东南西北的一个图案。虽然大家都觉得不满意，可是也只好硬着头皮拿出来了。

由于内包装纸是使用铝箔，在台湾还是创举，同时台湾是高温多湿地带，不但空气里水分多，吸湿快速，同时烟草本身蕴存的芳香味，也发散得快，可是一改用铝箔纸包装，不但香烟不太容易霉变，同时香味可以保持。因之新乐园这个牌子从民国三十七年十月开始，有二十年左右给公卖局财政收益上做了很大的支柱。截至目前，还有若干新乐园忠实的吸户，只抽新乐园，对于再好的香烟也不屑一顾。

有一个时期，忽然有人认为乐园、新乐园两个牌子卷烟包装纸的图案太陈旧，应当换换新图案。于是把乐园改成深黑跟橘黄相间的颜色，新乐园改成白底中间有一棵绿色冬青树的颜色。结果乐园包装纸黑色过于浓厚，活像楚霸王项羽的打扮，普通糨糊没法粘牢，刚刚粘好就咧嘴。新乐园的绿色，就台湾习俗来说，是丧礼所用，一种不祥的颜色，谁娶媳妇嫁女儿，以及其他喜庆做寿，都忌讳用新乐园来待客了。新乐园销路一锐减，对于公卖收益实在影响太大，于是立刻又把乐园恢复原状，使用旧有的图案了。

继新乐园之后，松山烟厂又出了一个新牌子叫小华光，包装纸改了铜版纸，图案是请上海专家设计的。一只地球上竖光芒四射的灯塔，不但切题，而线条、笔法都相当工整细致。因为配方里有点缀获走私的南雄烟叶，烟味清醇馥润，把台产香烟带入了一段新的里程。同时走私来台的"外烟"（大陆产品）来源枯竭，向来抽外烟的人，于是有一部分就改抽小华光啦。

不到一年时间，海军方面因为空军有八一四香烟，于是委托公卖局代制一种香烟叫大华光，原则上是要采取美式（因为台湾烟厂出品卷烟一律采用英式），烟丝、烟支都比小华光粗壮，配方方面也加了部分美式香料，虽然够不上说是纯美式香烟，但可以说是差近似之。包装图案，因为小华光是请上海专家设计的，顾客们口碑不错，因之大华光的包装图案，也委托上海方面设计。后来大华光香烟除了供应海军吸用外，并且也在市面行销，烟味醇厚芳洌，所以老枪阶级颇表欢迎。

大华光的包装设计一切都是仿照绞盘牌（上海俗称白锡包），因此引起当年省议会大炮议员郭国基讲话了，他认为省产香烟何以没有中国字。其实"大华光"字样是印在包装底部，不过在包装正反面来看，不容易发觉罢了。当时"行政院"工业委员会主任委员是尹仲容先生，有一次在会议席上，谈到省产香烟问题。他认为大家既然爱抽舶来品香烟，我们自己制造的香烟，也应当尽量模仿西化，争取销路。他的朋友在上海有一家华比公司出品一种五十支装听头克雷斯香烟，因为包装上没有一个中国字，同时克雷斯牌名又像洋烟，所以有若干人抽了很久时间的克雷斯，始终认为是舶来品香烟呢。说话中间，会议桌上恰巧放着一包大华光，他拿着这包烟说，我们何不仿照绞盘牌出个牌子呢。尹是不抽烟的，所以把大华光误为绞盘牌，可见大华光的图案设计是相当逼真，可以鱼目混珠的。

台湾出产的香烟是不能随便调整价格的。三十年来正式调整烟价，可能不到十次，可是原料材料有一部分是进口物资，在当时物价日新月异之下，出了一个新牌子"双喜"①，把大、小华光由减产而停制，使得吸烟大众转移胃口，渐渐习惯改抽双喜。同时又出了一种低级烟叫光华，包装图案也都非常大方

① 夏元瑜谈"双喜"的文章见附录。

悦目，本来打算取代乐园的，可是抽乐园的顾客年深日久，已经成了习惯，一时扭转不来，所以光华牌烟出品大概只有三几个月，因为销路欠佳就停制了。

到了一九五二年，松山烟厂开始制造听装宝岛香烟，能在罐子里蕴藏一段时间！自然比二十支纸包装的来得醇和甘润，可惜当时包装纸用的是藕荷色，太阳一晒立刻褪色，变成灰不灰粉不粉的颜色。据印刷界有资格人说，粉红、淡绿、藕荷、浅蓝等娇嫩颜色，都禁不起风吹日晒，一遇强光，非常容易褪色。所以世界上卷烟牌名图案设计专家，谁都避免采用以上几种颜色。

至于从前大英烟公司出品的大小红锡包（北方叫大小粉包），采用粉红底纸墨绿图式，是因为他用的粉红色包装纸是特别制品，纸浆里就先加上粉红颜色，并不是白纸加色，所以不怕风吹日晒。当时上海有人看红锡包销路好，一动脑筋，立刻做了一批冒牌红锡包。因为包装纸仿造不来，太阳一晒立刻脱色，不等人家抓私烟，自己就自动收回了。至于台湾的五十支听装宝岛牌因为烟味柔和适口，没有收回停制，可是后来渐渐加滤嘴，改为二十支装金色图案啦！

从一九五二年起，公卖局每年"总统"华诞都出一批特制的寿烟，用申祝颂，寿烟的图案当然是以祝寿为题，历年所用包装纸多少年来始终采用黄色，因为黄色除了表示庄敬外，同时不管如何风吹日晒，黄色总是万古常新，神采奕奕，历久不褪的。

此后公卖局有了黄不褪色的经验，出了一种过滤嘴长寿牌香烟，行销到现在差不多有二十多年，已经成了香烟中主要产品。无论从品质、包装哪一方面来讲，都算是够标准的，尤其日本友人更为赞赏。可是依旧有人批评，香烟是寓禁于征的，赐名长寿，还是不妥。由此可见香烟起个牌名既要大方，又要得体，还要顾虑周详，确实不简单呢。

长寿牌香烟是台湾第一个正式使用过滤嘴的，但偏偏用了一个白颜色的滤嘴。在欧美卷烟制造业，似乎有个不成文的规定，一般情形大概薄荷烟才用白色滤嘴。好像除了日本出品七星牌香烟不是薄荷烟而使用白色滤嘴外，只有长寿牌香烟，跟它是无独有偶的难兄难弟。使用白色滤嘴也不要紧，可是接头地方既无显明指线，而长寿烟的钢印又是淡金粉的标志。因此抽烟的人只要事情一忙，或是跟人说话一不留神，就把香烟给点倒了。我想凡是抽烟的朋友，都有过这种经验。虽然一支香烟所费无几，在那一刹那间每个人都会产生莫名的气恼。经过舆论的指摘，公卖局倒是从善如流，立刻把白色滤嘴改成黄色。想不到有一部分主顾对改了滤嘴，又疑神疑鬼，心理上总觉得烟的品质可能降低啦。公卖局在无可奈何情形之下，只好又把长寿滤嘴改回白色，一场小小风波，才算结束。

后来公卖局又陆续出了玉山牌薄荷烟，虽然凉味容易消失，可是比最早出的薄荷烟绿岛要进步多了。此后模仿美式烟出一个金鼎牌，因为当时美国烟充斥市面，省产烟与洋烟价格相差有限，大家崇尚洋烟而非轻视省产，所以美式的金鼎牌也只好偃旗息鼓，无疾而终。同时又出产了一种金丝小雪茄，不但色香均属上乘，而且清醇味永，不输洋烟。可惜曲高和寡，除了部分外来观光客对它评价甚高，认为是一种够得上国际水准的烟类，交相赞誉，国人真正抽金丝雪茄的反而寥寥无几。一个烟牌子能不能打开市面，有人说烟类能不能大量畅销，有一半要靠运气，这种说法似乎也不无道理。

最后再谈到总统牌香烟。这个牌子的烟，不但香味柔和隽永，就是烟支卷的松紧，也大有进步，已经没有烟吸两口就吸不动的毛病了。不过谈到牌名，用"总统牌"三个字，似乎古往今来在把"牌"字也做了牌名的，可能"总统牌"要算独一份儿呢。据在下猜想，单用"总统"二字买卖双方说起来诸多不便，因此加上一个"牌"字，以示有别吧。

电视上最近广播过，又有一种新牌子叫"红金龙"的，不久即将问世。看画面跟黑猫牌图案极为相近，这可是我们瘾君子的一大福音。我们希望这个牌子香烟的长度，不必采用超长的尺度，可是总要能符合国际标准尺度才好，不知办得到办不到。

幽默大师林语堂生前是位嘴不离斗，香烟、雪茄样样都来的老枪。他说："抽香烟不时端详烟卷上的钢印，抽吕宋老惦记瞧瞧烟环，抽烟斗的随时弄自己的烟斗，那都是真正懂得欣赏烟的行家。"

当年美国最出名的银行家老摩根，大家都叫他香烟大王，并不是他开卷烟厂，而是他抽香烟最内行，他也说道："香烟品质的优劣，不必点燃来吸，只要一看钢印就可以知道八九了，因为高级烟的钢印，必定精细、典雅、工整、大方。中下级烟的钢印自然就比较粗野些了。"由此看来，烟支钢印的精粗，对于香烟等级品质，都是分等列级的。

以笔者吸过的香烟来说，烟支钢印英式香烟大都较考究，美式香烟的钢印，比较草率。例如骆驼牌香烟钢印就是说花不花，说正不正，用五个英文字母排成半圆形一围，实在不能引起吸烟人丝毫的美感，可以说钢印中最拙劣的设计。至于加力克钢印采用金字塔狮身人面，而且用金蓝两色彩印，既令人醒眼，又精细大方，可以说钢印中杰出的作品。此外白政府牌的工整大方，小五华的纹理分明，三五牌的素雅秀逸，都是不可多得的佳构。可惜那些牌子香烟已成陈迹，只有三五香烟台湾尚有进口。虽然三五这几个字，已经由金红色改为蓝色双钩，可是典型尚存，吸者在吞吐之余，还可据以回想当初其华贵灵秀的风范。

谈到台湾出品卷烟的钢印，以香蕉来说吧，在烟支正中用正楷印出香蕉英文字母，下印制造厂名，是模仿小三炮台方式排列，倒也干净大方。等到"新乐园"问世，正是台中丰原一带私烟假烟乌烟瘴气，到处猖獗的时候。所以新乐园钢印是请人写好"新乐园"三个草字，然后照样刻镂的，因为写的字有笔锋，别人仿造困难，真伪立辨。所以后来的金马牌香烟是请于右老大笔挥就，然后缩小刻制，那真是天马行空，深厚雄健。任显群先生曾经说过，他抽烟只抽新乐园跟金马，因为这两个牌子货真价实，没有冒牌货，可以放心地抽。

大、小华光的钢印都是请上海名家刻铸，精巧细腻之外，钢印上都有特别暗记，是真是假，不必假手显微镜，一望而知。等出了双喜烟，绿色包装纸在颜色方面，已非上乘，所谓双喜的两只喜鹊，相对而立，又肥又短，说它是麻雀实在嫌肥，说它是鸽子又没有那么又尖又长的嘴，两只鸟仿佛双喙喋喋，吵个不歇。有人说像是一对斗鹌鹑，话虽近谑，可是越瞧越像。

　　包装纸的图案设计虽然欠佳，可是烟支上的钢印，红线细圈，中印双喜，在当时来说，倒也清新可喜。尤其结婚礼堂中，悬霓虹双喜，两相映照，皆大欢喜。凡是办喜事的，总要买几条双喜烟来款客，使得礼堂喜气洋洋，大家同喜。那一来不要紧，使得后来出品新牌子香烟如苫光、长寿等，全部采用圆圈方式，甚至把香蕉烟用了多年的钢印，也改成圆形图案，好像圆圈图案成为自产卷烟钢印的一种公式，什么美感欣赏，全谈不上了。我们希望公卖局再有新牌香烟问世，烟支上的钢印，可以动动脑筋，变变新花样，让人一新耳目，不要永远在小圈子里打转转。愚者一得，不知一般老枪以为如何。

初试金龙牌香烟

　　台湾省烟酒公卖局产品长寿牌香烟，在东南亚各国来说，论包装、印刷，或者没有日本香烟来得精致细腻，如果谈到香烟的香味，可以说是鳌头独占。您要是到东南亚各国，尤其是日本，去公干或旅游，送朋友一条长寿牌香烟，比送什么礼物都让对方珍惜高兴。烟酒公卖局自从出产长寿牌香烟之后，可惜有十几年都没有新牌子问世了。

　　最近公卖局出了一种属于特高级的"金龙"香烟，一吸之下，不但烟味清泅柔和，可以媲美英国"三五"；就拿卷制技术来说，也是松紧适度，不截火，不空虚。照这样的品质，如能持之以恒，永不改变，不但能够发扬光大，增加政府的库收，同时更能给走私进口的洋烟一项最严重致命的打击。

这次新产品烟支的长度，公卖局真能从善如流，有了很大的进步。当年长寿烟初初问世，抽惯了英式、美式香烟的人，觉得长寿烟味不错，有若干人本想改抽长寿，可是点着一抽，老有烟支长度不够尺寸的感觉。因为滤嘴一短，烟抽到后半截，就有一股子烟油子味啦。其实照经济眼光来看，烟叶的成本，比滤嘴的成本要贵得多，大约是受了卷烟机的限制，十多年来屡屡有人向公卖局建议把长寿烟的烟支加长，可是始终未蒙采纳。这次新产品金龙香烟烟支毅然加长，能跟英美烟支比美，在瘾君子们来看，实在是一种进步的表现。

这次金龙牌纸盒图案设计，完全仿照"黑猫"，易"黑猫"为"金龙"，既明晰又醒眼，可称是个聪明取巧办法。同时盒盖启闭，灵活自如，也不像"总统""宝岛"两种二十支装烟盒，有打开后关不严、关严后打开又费事的毛病，给抽烟的人增加不少便利，便增加个好的印象。

不过有两件小事，本着春秋责备贤者的意义，尽美矣再求其尽善的心理，提出来作参考。

第一，烟支上的钢印本是表明烟支身份的标志，尤其是英式香烟更特别重视钢印的雕丽工细。我们回想一下当年茄立克香烟人首狮身的钢印，那是何等的矞采壮美呀！所以金龙牌既然是我们台湾的特级品，烟支钢印也应当力求精美。在一个金粉印的圆圈里刻一个篆体"龙"字，在身价分量方面似乎有点不相称。如果把盒面上画的金龙缩小制成钢印刻在烟支上，飞龙在天，光彩腾耀，就堂皇富丽多了。我想松山、台北、丰原三家烟厂都训练了不少刻钢印的高手，做几个飞龙钢模，在技术方面应当是没问题的。

第二，烟支是使用白色螺纹纸，配上浅绛花斑过滤嘴，比起长寿烟的白纸白嘴已经醒目多了，再粗心的人，也不应当吸错了头。现在"金龙"反而又多加上一粗一细两道红线，在计算生产成本方面，多加一道工。我想成本也要增加，为了降低成本，这两条红线有点儿蛇足，似乎可以取消。假如加两条红线，并不增加成本，我想把长寿烟过滤嘴上不十分显眼的绿条，改成红线岂不是更有意义吗！一愚之得，我想，凡我吸烟同志都会赞成的。

枪口对准自己嘴巴

　　鸦片这个名词是外来语译音，瘾君子给它起了个吉祥名称叫"福寿膏"，至于抽上福寿膏是否能够多福多寿，那就只有天知道啦！最早，鸦片烟都是舶来品，最受瘾君子欢迎的是人头土。特号人头土，每只净重十八两七钱，鹰头标记小号的一只也有八两五钱，无论大小都用油绵纸层层包裹，骑缝处都盖有图记水印。大号人头土确实有人头大小，所以人头土久而久之就成为印度大土专用名词了。

　　另外有一种从产地就熬成的烟膏，一两一盒，固封在薄铅皮扁盒里，盒上压有老鹰展翅的标志，刷上金红色亮漆，人们叫它洋土，又叫红土。洋土也好，大土也罢，反正都是从大英吉利统治下的印度运来中国，残害我们老百姓的。

有钱有闲贪享受

中国幅员广袤，有若干省份土壤气候是适宜种植鸦片的，利之所在，人争趋之。云南跟缅甸、老挝、越南接壤，首先种植了鸦片。渐渐四川也试种成功。西北地广人稀，萨拉齐是西口土的黄金产地。塞上风高，热河土算是北口最够劲的大烟。一般老枪公认为云土味淡而隽，芬芳似桂；川土味正劲足，苦后回甘；热河土醇厚甘柔，温而不燥；萨拉齐土入口香中带涩，湛香绕鼻。至于印度来的人头土除了味厚香醇外，还有一样妙处：瘾君子多数大便干燥，最怕泻肚，一闹痢疾，十之八九变成不治之症，如果手边有真正人头土吸上两筒，立刻痢愈泻止，有立竿见影之效。所以后来烟禁森严，人头土在中国绝迹时，有人把包人头土的油绵纸拿出来卖（上面或多或少总会沾点烟渣子）。一张油绵纸，也要卖上三几块钱，拿来熬烟膏时用它来过淋，也能治好痢疾呢！

抽大烟是有钱有闲阶级士女们的高级享受，除了认准烟的产地外，为了怕烟客上脸，讲究用冷笼清水膏子，不掺丝毫烟灰（叫作清膏）。有些人抽了若干年鸦片，脸上毫无烟容，就是平素专抽不掺灰的清水膏所致。烟膏之外，烟灯也是重要工具之一，抽烟的人讲究火要稳、罩要明、烟要亮，烟泡上在斗门上，不需用签子拨弄就能一吸而尽。这种精品叫太古灯，也是舶来品。烟灯罩把整只烟灯罩住密不透风，罩子厚重晶莹，烟座彩错镂空，甚至有用十彩珐琅七宝烧嵌的，奇斋华缛，备极淫巧。大的灯具做个铜丝架子，能放把小茶壶炖着浓茶；小的灯具全份握在手里，让人不觉。好灯必须有好斗配合，最著名的烟斗是寿州孙寡妇斗，据说她烧制的烟斗，所用澄泥都是九淘九洗，然后入炉的，斗心有单套、双套、三套之分，斗面有书画、嵌丝、描金之雅，就灯啜吸，音响各异，既不糊斗，又不截火。清末有位封疆大吏，极富收藏，仅孙寡妇斗就有四十余枝，刻削蟠屈钢素丹漆，灯斗配合，相得益彰，似珠纵意，通畅如常，不能不令人叹为观止。

烧烟泡必不可少的是烟签子，据说烟签子以张三泮做的最好。他的制品钢纯质柔，不弯不断，每两只为一对，雌雄对弯，卡在一只粉镜盒大小扁木匣内，签子头上雕戈金缕高雅脱俗，最妙是不沾不滞，滚烟搓泡，圆转自如。烟枪则屬犀羚角，龙骨象牙，阴沉筇楠，或利其清柔或取其泡润，朱笏筇根雕镂各依其势，枪头枪尾木刻金缕，嵌珠缋玉，豪门巨族枪架烟盘更是酸枝、紫檀、螺钿、剔红，争奇斗靡技巧横出。

清朝的慈禧皇太后，是最会享受的一位女君王，因为道光、咸丰对于鸦片都是深恶痛绝的，所以两帝在位，宫中妃嫔，没有任何一人敢于尝试偷吸的，及至咸丰在热河晏驾，肃顺、端华等人阴谋夺权，慈禧跟恭亲王奕䜣，叔嫂里应外合，弭平巨变，两宫回銮，垂帘听政。慈禧在新丧之后综理万机，自然有时疲惫难支，于是才有内务府人员进呈了福寿膏，附带一份儿精美烟具。慈禧偶或吸上个三两筒，居然有提神益气之效。不过她抽鸦片是瞒着慈安的，所以每次抽烟都是躺在左边抽两口，又换右边抽两口，赶忙起身。据说换边抽烟，可以免得把面庞长偏，不困灯，起身立刻用热毛巾焐焐脸，脸上就永远不带烟容。

　　慈禧到老年仍旧是爱美成性，抽烟又是她隐私，避着慈安不愿公开的，加上太医院不时配进润颜饮剂，所以慈禧吸食鸦片，就不十分引人注意了。溥仪出宫后，清室善后管理委员会成立后，清点各宫财物，还有人说何以没看见鸦片烟具。自慈禧故后安葬东陵，她日常使用的东西，一股脑儿都附葬地宫，掖庭自隆裕以迄瑾、瑜、珣、瑨四位贵妃都是只吸旱烟、水烟不抽鸦片的，自然宫里就找不到有什么精致的烟具留存了。

北洋军阀烟瘾大

在北洋军阀中，湖北督军萧耀南素有"长江一条枪"之称，他不但烟瘾奇大，且珍异充牣，而搜集的名枪也最多。他的烟房里有两排特制的枪架子，上一排是各国制造、剔金淬银、象牙镂刻的灵巧手枪，下一排就是他心力所萃、珠切象磋、玉琢石磨的宝枪了。在所有烟枪中他最喜爱的有两枝，一枝九转金丹、虬龙顾甲竹节枪，一枝九瘿十八瘤的竹根枪。前者在萧故后，流落在外，被汉口后花楼开土膏店的顾阿四以重金买去了，他在他的三益土膏店三楼另辟雅室铺设烟榻，那根宝枪从大梁系下来，所有来抽烟的烟客，凡是好奇要试吸一下，约定每人以两筒为限，顺序而前，烟榻左右，整天都是大排人龙。后来跟常去的老枪打听，才知道抽烟"枪要热，斗要饱"，三益那枝宝枪，斗足枪热，用那枝枪抽一个泡能抵五个泡的功效，难怪有人对这枝枪上瘾，每天必须提枪就灯吸上两筒，否则就像瘾没过足似的。先还觉得奇怪，后来经说破其中秘密，我才恍然大悟。

直鲁军的褚玉璞，在张宗昌手下固然是员能征善战的骁将，在黑籍中更是赫赫有名的人物。褚在鲁南沂蒙山区拉大帮的时候，外号"褚三双"，一是双手能放盒子炮，二是耍起双刀来滴水不入，三是能用并蒂莲蓬斗，两口大烟一齐吸下，能吹出冲锋陷阵腔调。后来他归顺辫帅张勋，把烟枪中瑰宝翠嘴玉尾犀角枪，连同翡翠并蒂莲蓬斗一并呈献辫帅当见面礼，从此褚三双的绰号变成"褚二双"才渐渐被人淡忘了的。

内战时期，蒋先生在庐山分批召集全国各军事将领集训，民国二十二年东北将领以万福麟为首，有七八位同时奉召到庐山受训，大家同是老枪阶级，也知道山上军纪森严，如有触犯，绝不宽贷，大家一到汉口，就先到武汉绥靖公署向何雪竹主任报到求教。何原本也是此道中人，深知个中甘苦，早已让高参杨钦三洽妥每位配好一副戒烟丸携带上山，每日三餐各服一次。起初大家还是心中忐忑、惴惴不安，恐怕烟瘾发作。等到出操上课，都能随班进退，毫无痛苦，心神才笃定下来。等到结训下山，何雪竹主任早在太平洋饭店设宴给他们接风庆功，酒足饭饱之后，其中有一位忽然打了一个哈欠，这一来不要紧，立刻把大家烟瘾勾上来，有的顿觉浑身酸痛，有的涕泪交流。好在军训结束，即将返防，已然毫无顾忌，于是纷纷就榻开灯，狂吸过瘾，一时烟雾弥漫，香闻十里，凡是在太平洋楼下经过的行人，都要伫立仰视，闻上几鼻子，才肯走开。有位小报记者说：天兵天将在太平洋饭店设下五云芙蓉大阵，一时传为笑谈。

在八国联军窃据北京时红极一时的赛二爷金花过了盛年之后，隐叶孤花，自惜伶俜，心里抑郁不舒，所以也染上了鸦片嗜好，雇了一个专门给她打烧烟的小陈妈，整天给她烧烟伺候茶水。据说她每天分三次抽烟，每次十二口，烟泡要打得小而紧，火候老嫩要恰到好处，一到抽烟时候，必须立刻到嘴。有一次饭局夜归，小陈妈的烟泡还没打好，灯捻又告不济，她迫不及待吞下两枚生烟泡，立刻头晕目眩呕吐不止。有位记者不辨青红皂白，发了一条消息，说她与新欢口角，服毒自杀，害得她到处辟谣。她的女佣小陈妈，因为这次新闻，反而博得烟泡高手美誉，后来被北平煤市街一家土膏店知道，聘为二老板，一方面给客人烧烟，有时谈谈赛二爷往事，倒也混得不错。唱蹦蹦戏的小白玉霜，在未拜白玉霜学戏之前，原是这家土膏店的烧烟女郎，她烟烧得圆润松柔，就是小陈妈传授给她的呢！汉口人称烟馆打烟的为烟猴子，每人一块汉玉或翡翠烟板，打烟泡就在玉板上翻滚。汉口最有名的一位烟猴子叫胡老四，他能把烟泡打成十二生肖，最妙的是他打的弥勒佛长耳蟠腹憨态可掬，用锡纸包起来，可以三天不溶，可算一绝。

小曼暗恋阿芙蓉

有绝代佳人之誉的名女人陆小曼染上阿芙蓉癖，是受了上海名票翁瑞午的诱导。翁原是世家子弟，除了祖遗的古董字画之外，还拥有一座茶山。小曼自与王赓仳离改嫁徐志摩后，在天马会京剧彩觞时跟翁瑞午唱了一次《贩马记》、一次《玉堂春》后，翁瑞午就阴魂不散缠上了陆小曼。小曼体弱多病，瑞午有一手推拿绝技，时时推拿也就不知不觉由扳个尖而抽上瘾了。志摩看小曼陷溺日深，于是劝她戒掉鸦片远离瑞午。两人由言语龃龉争执反目，小曼突然发了小姐脾气，从烟榻上抓起烟灯烟枪，从楼口掷下楼去，一只铜烟盘从志摩额角飞过，虽然仅仅擦伤一点油皮，可是把志摩的眼镜玻璃打得粉碎。诗人一怒之下，愤然搭机飞平，打算重度他教书生涯，谁知飞机就在离济南不远的党家庄上空遇雾撞山，一代文豪，就这样机毁人亡，龙光遽奄了。出事之后，小曼自然是深感内疚素服终身，可是她由于体弱多病心情恶劣，鸦片反而越抽越多，骨瘦如柴面目黧黑。到了一九六二年，翁瑞午变尽卖绝，终于一病不起，他在弥留时唏嘘地说出一句良心话："我劝你抽鸦片，我把你害苦了。"陆小曼万斛闲愁，没过几年，也就香消玉殒了。

李鹤章的侄孙李瑞九，是当年上海名公子之一，他娶的是上海名闺盛三小姐（盛宣怀之女），两人烟癖都很深，一榻横陈，两灯相对，倒也怡然自得。他们夫妻抽烟，从不困灯，也不喝一口酽茶把烟压下，所以他们夫妇男则雍穆雅洁、翩翩裘马，女则柔曼修嫣、风度华艳。有一次盛三在酒后吐露她保颜秘诀，说是她每晚睡前吃一碗生拆嫩鸡粥，所以红颜永驻。这个秘方是否灵光，则有待美容专家们去研究了。

早年北平梨园有个传说，唱须生的如果能抽两口大烟，嗓筒的韵味自然好听，所以从老一辈谭叫天，到后来的余、马、言等人，都是十足的瘾君子。其中最有趣的是言菊朋，言在夏天喜欢穿黑纺绸大褂，冬天爱穿黑摹本缎的棉袄。他经常在北平旧刑部街哈尔飞戏院唱夜戏，他住在北新桥箍筲胡同，上园子之前，在家把大烟抽足了才动身，可是从北城到西城，就是汽车，也足足要走个半小时，前半出烟劲还足，可是到了后半出就顶不住了。

当时禁烟虽然时松时紧，可是还没有哪一位名角，胆敢在后台开灯过瘾的。言三爷的好友大律师桑多罗，住在西单白庙胡同，跟旧刑部街是前后胡同，所以言菊朋只要是"哈尔飞"有戏，必定是先到桑宅过足了烟瘾，然后到园子里扮戏。言三跟叔岩犯同一毛病，不但喜欢困灯，而且喜欢一边烧烟，一边用烟签子乱比划，拍板讲身段，所以甩得满身都是烟膏子。天长日久烟膏子就点点滴滴都粘在衣服上了，好在他穿的是黑色衣服，所以不十分显眼。菊朋知道桑大律师家里永远有整瓷缸烟膏子放着，所以他到桑家从不带烟。有一次桑多罗烦他唱《让徐州》，他偏偏要唱《伐东吴》，桑自然心里不痛快，等言三来到，他故意把烟膏藏起来，说是膏子刚刚抽完，还没来得及熬呢！言三在无可奈何情形之下，点上烟灯发愣，忽然发现袖子上有一小块烟膏子，于是左抠右抓，居然让他打成几个烟泡来过瘾。后来桑大律师把言菊朋的黑大褂叫富贵衣，这个典故，就是从抠烟渣儿得来的。

王润生铁面无私

抗战之前在陕西禁烟，曾雷厉风行了一段时期，当时省主席是蒋鼎文，民政厅厅长是王德溥，建设厅厅长是雷宝华，高等法院是党院长，民政厅厅长还兼任陕西全省禁烟清查督办。蒋氏因公到南京述职，省政由民政厅长代行。有一天党院长跟雷厅长联合在党府宴客，客人都是当时政军高级主管，酒后余兴，有人提议把烟盘子端出来，点上烟灯大家吹两口玩玩。本来可以相安无事，偏偏有人说了句："今天嘉宾云集，禁烟法令可以暂时放宽了吧！"这句话简直让主管禁政的王润生先生下不了台，他一声不响，招来了保安队员把党公馆团团围住，按情节轻重，拘的拘，押的押，闹了个鸡飞狗跳。于是大家分头找人向王厅长说项求情，哪知王润生铁面无私，一律婉拒，甚至蒋鼎文从南京打电报来关说，他依旧公事公办，毫不徇情。僵持到后来，无法可想，终于把那位强项不屈的王厅长调升为内政部常务次长，这个问题才算解决。这件事是禁烟声中政海一段逸闻，现在知道此事的人，恐怕不多了。

谈 酒

最近读到有关喝酒的文章，一下子把我的酒瘾勾上来啦。现在把我喝过的酒也写点出来，请杜康同好加以指教。

中国的酒大致说起来，约分南酒、北酒两大类，也可以说是南黄北白。大家都知道南酒的花雕、太雕、竹叶青、女儿红，都是浙江绍兴府属一带出产。可是您在绍兴一带，倒不一定能喝到好绍兴酒，这就是所谓出处不如聚处啦。打算喝上好的绍兴酒，要到北平或者是广州，那才能尝到香郁清醇的好酒，陶然一醉呢。

绍酒在产地做酒胚子的时候，就分成京

庄、广庄，京庄销北平，广庄销广州，两处一富一贵，全是路途遥远，舟车辗转，摇来晃去的。绍酒最怕动荡，摇晃得太厉害，酒就混浊变酸，所以运销京庄、广庄的酒，都是精工特制，不容易变质的酒中极品。

早年在仕宦人家，只要是嗜好杯中物，差不多家里都存着几坛子佳酿。平常请客全是酿酒庄送酒来喝，遇到请的客人有真正会品酒的酒友时，合计一下人数酒量，够上这一餐能把一坛酒喝光的时候，才舍得开整坛子酒来待客。因为如果一顿喝不光，剩下的酒一隔夜，酒一发酸，糟香尽失，就全糟蹋啦。绍酒还有一样，最怕太阳晒，太阳晒过的酒，自然温度增加，不但加速变酸，而且颜色加重。您到上海的高长兴，北平的长盛、同宝泰之类的大酒店去看，柜上窖里一坛子一坛子用泥头固封的酒瓶装的太雕、花雕，全是现装现卖，很少有老早装瓶，等主顾上门的。

北平虽然不出产绍兴酒，凡是正式宴客，还差不多都是拿绍兴酒待客。您如果在饭馆订整桌席面请客，菜码一定规，堂倌可就问您酒预备几毛的啦。茶房一出去，不一会儿堂倌捧着一盘子酒进来，满盘子都是白瓷荸荠扁的小酒盅，让您先尝。您说喝八毛的吧，尝完了一翻酒盅，酒盅底下果然划着八毛的码子，那今天的菜不但灶上得用头厨特别加工，就是堂倌也伺候得周到殷勤，丝毫不能大意。一方面佩服您是吃客，再一层真正的吃客，是饭馆子的最好主顾，一定要拉住。假如您尝酒的时候说，今天喝四毛的，尝完一翻酒盅，号的是一毛或一块二的，那人家立刻知道您是真利巴假行家，今天头厨不会来给您这桌菜掌勺，就连堂倌的招呼，也跟着稀松平常啦。

喝绍兴酒讲年份，也就是台湾所谓陈年绍兴，自然是越陈越好。以北平来说，到了民国二十年左右，各大酒庄行号的陈绍，差不多都让人搜罗殆尽，没什么存项。就拿顶老的酒店柳泉居来说吧，在卢沟桥事变之前，已经拿不出百年以上的好酒。倒是金融界像大陆银行的谈丹崖、盐业银行的岳乾斋，那些讲究喝酒的人，家里总还有点老酒存着。以清代度支部司官傅梦岩来讲，他家窖藏就有一坛一百五十斤装，是明泰昌年间，由绍兴府进呈的御用特制贡酒。据说此酒已成琥珀色酒膏，晶莹耀彩，中人欲醉。

　　王克敏是傅梦老的门生，听说师门有此稀世佳酿，于是费了好一番唇舌，才跟老师要了像溥心松花那么大小一块酒膏。这种酒膏要先放在特大的酒海（能盛三十斤酒的大瓷碗）里，用二十年的陈绍十斤冲调，用竹片刀尽量搅和之后，把浮起的沫子完全打掉，再加上十斤新酒，再搅打一遍，大家才能开怀畅饮。否则浓度太高，就是海量也是进口就醉，而且一醉会几天不醒。至于这种酒的滋味如何呢，据喝过的人说，甬说喝，就是坐在席面上闻闻，已觉糟香盈室，心胸舒畅啦。

虽然说出处不如聚处，产地不容易喝到好绍酒，可是杭州西湖碧梧轩的竹叶青，倒是别有风味（所说的竹叶青，是绍酒底子的竹叶青，不是台湾名产，以高粱做底子的竹叶青）。碧梧轩的竹叶青，浅黄泛绿，入口醇郁，真如同酒仙李白说的有濯魄冰壶的感受。碧梧轩的酒壶，有一斤的，有半斤的。到碧梧轩的酒客，都知道喝空一壶，就把空壶往地下一掷，酒壶是越扔越凹，酒是越盛越少，饮者一掷快意，柜上也瞧着开心。此情此景，我想凡是在碧梧轩喝过酒的朋友，大概都还记得，当年自己逸兴遄飞、豪爽隽绝的情景吧。

酒友凑在一块儿，除了兴来彼此斗斗酒之外，十有八九总要聊聊自己所见最大酒量的朋友。民国二十年笔者役于武汉，曾加入当地陶然雅集酒会，这个酒会是汉口商会会长陈经畬发起主持的。有一次在市商会举行酒会，筵开三桌，欢迎上海来的潘永虞酒友。当天参加的客人，酒量最浅的恐怕也有五斤左右的量，当时正好农历腊八，大家都穿着皮袍。潘君年近花甲，可是神采非常健朗，不但量雅，而且健谈，大家轮流敬酒，不管是大杯小盏，人家是来者不拒。一顿饭吃了三个小时，客人由三桌并成一桌，其他的人，大半玉山颓倒，要不就是逃席开溜。再看潘虞老言笑燕燕，饮啜依然，既未起身如厕，也没宽衣擦汗，酒席散后，我们估计此老大概有五十斤酒下肚。彼时笔者年轻好奇，喝五十斤不算顶稀奇，可是潘虞老的酒销到哪儿去了呢？非要请陈会长打听清楚不可。过了几天陈经畬果然来给我回话，他说潘老起先吞吞吐吐，不肯直说。经他再三恳求，潘说当天酒筵散后，真是举步维艰，回到旅舍，在浴室里，从棉裤上足足拧出有二十多斤酒。原来此老出酒，是在两条腿上。那天幸亏是冬季，假如是夏天，他座位四周，岂不是一片汪洋，汇成酒海了吗？

说了半天南酒，现在该谈谈北酒白干啦。北方各省大都出产高粱，所以在穷乡僻壤陋巷出好酒的原则下，碰巧真能喝到意想不到的净流二锅头。以我喝过的白酒，山西汾酒、陕西凤翔酒、江苏宿迁酒、北平海淀莲花白、四川泸州绵竹大曲，可以说各有所长，让瘾君子随时都能回味不同的曲香。不过以笔者个人所喝过的白酒来说，仍然要算贵州的茅台酒占第一位。

在前清，贵州属于不产盐的省份，所有贵州的食盐，都是由川盐接济，可是运销川盐都操在晋陕两省人的手里。他们是习惯于喝白酒的，让他们喝贵州土造的烧酒，那简直没法下咽，而且过不了酒瘾。他们发现贵州仁怀县赤水河支流有条小河，在茅台村杨柳湾，水质清冽，宜于酿酒。盐商钱来得容易，花得更痛快，于是把家乡造酒的老师傅请到贵州，连山陕顶好的酒曲子也带来，于是就在杨柳湾设厂造起酒来。这几位山陕造酒名家，苦心孤诣，不知道经过多少次的细心研究，最后制出来的酒，不但有股子清香带甜，而且辣不刺喉，比贵州土造的酒，那简直强得太多啦。

后来越研究越精，出来一种回沙茅台酒。先在地面挖坑，拿碎石块打底，四面砌好，再用糯米碾碎，熬成米浆，拌上极细河沙，把石隙溜缝铺平，最后才把新酒灌到窖里，封藏一年到两年，当然越陈越好喝。这种经过河沙浸吸，火气全消。所以真正极品茅台酒，只要一开罐，满屋里都洋溢着一种甘洌的柔香，论酒质不但晶莹似雪，其味则清醇沉湛，让人立刻产生提神醒脑的感觉。酒一进嘴，如啜秋露，一股暖流沁达心脾。真是入口不辣而甘，进喉不燥而润，醉不索饮，更绝无酒气上头的毛病。从此贵州茅台成了西南名酒，又参加巴拿马万国博览会赛会，得过特优奖银杯，更一跃而为中外驰名的佳酿。

直到川滇黔各省军阀割据，互争地盘，茅台地区被军阀你来我往，打了多少年烂仗，一般老百姓想喝好酒，那真是戛戛乎其难。民国二十三年武汉绥靖主任何雪竹先生，奉命入川说降刘湘，刘送了何雪公一批上选回沙茅台酒。酒用粗陶瓦罐包装，罐口一律用桑皮纸固封。带回汉口，因为酒质醇洌，封口不够严密，一罐酒差不多都挥发得剩了半瓶。当时武汉党政大员都是喝惯花雕的，对于白酒毫无兴趣，对于这种土头土脑的酒罐子，看着更不顺眼，谁都不要。所剩十多罐酒，何雪公一股脑儿都给了我啦。到此闻名已久的真正回沙茅台酒，这才痛痛快快地喝足一顿。从此凡是遇到喝好白酒的场合，茅台酒醇醇之味仿佛立刻涌上舌本，多么好的白酒，也没法跟回沙茅台相比的。

等到吴达诠先生入黔主政，遇到知酒的

友好，也会送两瓶茅台酒尝尝。虽然是老窖回沙茅台，可是那些老窖，经过军阀们竭泽而渔地出酒，旧少新多，火气还未全消，酒一进口，就能觉出已经没有当年纯柔馥郁、令人陶然忘我的风味了。

民国三十五年来台湾后，偶或有人带几瓶贵州的茅台酒来，说是真正的赖茅。其实所谓"赖茅"是"赖毛"的谐音，也就是俏皮这酒是次货，不明就里的人，反而以讹传讹，把这种酒当真材实货来夸耀。可见古往今来，有些事情年深日久，真的能变成假的，而假的反而变成真的。酒虽小道，何独不然。

据我个人品评白酒的等次，山西汾酒是仅次于茅台的白酒，入口凝芳，酒不上头。不过汾酒很奇怪，在山西当地喝，显不出有多好来，可是汾酒一出山西省境，跟别处白酒一比，自然卓尔不群。如果您先来口汾酒，然后再喝别的酒，就是顶好的二锅头，也觉得带有水气，喝不起劲来啦！

北平同仁堂乐家药铺，有一种酒叫绿茵陈，这种酒绿蚁沉碧，跟法国的薄荷酒一样的翠绿可爱。酒是用白干加绿茵陈泡出来的。燕北春迟，初春刚一解冻，有一种野草叫蒿子的，就滋出嫩芽儿。北平人认为正月是茵陈，二月就是蒿子。绿茵陈酒不但夏天却暑，而且杀水去湿。一交立夏，北平讲究喝酒的朋友，因为黄酒助湿，就改喝白干。一个伏天，总要喝上三五回绿茵陈酒，说是交秋之后，可以不闹脚气。

从前梅兰芳在北平的时候，常跟齐如老下小馆，兰芳最爱吃陕西巷恩承居的素炒豌豆苗，齐如老必叫柜上到同仁堂打四两绿茵陈来，边吃边喝。诗人黄秋岳说，名菜配名酒，可称翡翠双绝，雅人吐属毕竟不凡。现在在台湾甭说喝过绿茵陈的，就是这个名词，恐怕听说过的也不太多啦。可是如果您在北平喝过同仁堂的绿茵陈，现在一提起来，您会不会觉得香涌舌本，其味无穷呢？

还有北平京西海淀的莲花白，也是白酒里一绝。依据清华大学校长周寄梅先生说，莲花白是清末名士宝竹坡发明的，宝氏鉴于魏时郑公悫曾经拿荷叶盛酒，用荷梗当吸管来啜酒，叫作碧筒杯。他没事就跟船娘如夫人，在江山船上饮酒取乐，有一天灵机一动，让中药铺照吊各种药露方法，用白酒把白莲花一齐吊出露来喝。果然吊出来的露酒，真是荷香芯芯，酝馥沉浸，能够让人神清气爽。当时一般骚人墨客，群起效尤。海淀一带，处处荷塘，由于源出玉泉，荷花特别壮硕，所以制酒更佳。晚清时代名士们诗酒雅集，也就把莲花白列入饮君子的酒谱啦，香远益清，海淀的莲花白，确实当之无愧。

　　关外长春、沈阳一带，冬季气温太低，朔风砭骨。每天吃早点，都准备一种糊米酒，原料是秫米、黄米合酿，颜色赤褐。用薄砂吊子，架在红泥小火炉上炖着，随喝随往里加糖续酒，糟香冉冉，满屋温馨，几杯下肚，胃暖肠舒，全身血脉通畅。尽管屋外风刮得像小刀子刺脸，可是有酒在肚，挺身出屋，对于外边的酷冷，也就毫不含糊。这种酒到了冬天，在东北来说，用处可大啦！

咱们中国地大物博，哪一省哪一县，都有意想不到的好酒，上面所写的也不过是我所喝过的几种认为值得一提的好酒而已。还有若干好酒，只闻其名，而没喝过，此时暂且不谈。现在再把我所看见过的酒器写点出来。

中国人从古到今，上至王侯将相，下至贩夫走卒，喝酒都讲究情调，总要找个雅致舒服地方来喝，像京剧《打渔杀家》里的萧恩也要把小舟系在柳荫之下，一边凉爽，一边呷两盅儿。至于豪门巨富，凡事都要踵事增华，喝酒既然是讲情趣，所以他们喝酒的方法，所用的酒具，也就非我们现代人所能想得到的啦。抗战之前，郭世五先生是中国著名的藏瓷家，他所藏历代名瓷，可以说是精细博雅。他曾经写了一本《瓷谱》行世。冀东事变发生，平津局势日渐恶化，他恐怕毕生心血沦入日寇之手，于是打算把藏瓷里神品，运到美国去展览，然后暂时就先庋藏国外。他把一切出国手续全部委托通济隆公司办理，通济隆的经理平桂森，是我的同窗好友，于是有机会到郭府观赏一番。

有关酒器的珍品，一共看了三件。一件是棕褐色宋瓷酒柜（据说宋代有一种推车子沿街卖酒的。咱不懂考据，大概《水浒传》有一段劫生辰纲买酒喝的情形，可能类似）。柜是椭圆形，六寸多高，八寸来长，中央下方有一小孔出酒，不用时有一瓷塞子堵住。色泽珉珹古拙，隐泛宝光，其形状跟北平当年挑水三哥所推的独轮车上的水柜，完全一样，不过水柜是一分为两个出水口而已。至于酒柜的车架，郭老特别郑重声明，是经过多年苦心搜求而得的明代雕红精品。车上的辀轧轵辀，各项什件，不但是镂金凿花，而且纹理细微，古趣盎然。据郭老说这件酒器，是仿照宋代元符年间所用酒柜，缩小烧制，本来是内库珍玩，流传到现在，可以说是件宝器啦！最难得的是郭老费尽九牛二虎之力，跟闽侯陈家用正统官窑一对小狮子，才换来的那座镂金雕红酒柜车架。虽然车架是景泰年间所制，可是高低、宽窄尺寸，都跟酒柜配合得天衣无缝，如同天造地设的一样，所以才特别名贵。以一对明瓷小狮子换一具车架，当然是一记竹杠，可是当郭老把酒柜架在车上摩挲把玩的时候，认为这记竹杠换得太值得啦！

第二件看的是鳌山承露盘，盘子是不规则圆形，长宽约方一尺七寸，鳌山高一尺七寸，跟盘子成一整体。山心中空，山呈青绿颜色，浓淡有致。山顶有一茅亭，等于瓶盖，可以挪开，以便由此灌酒，山腹可以贮酒斤半。山前有奶白色华表，约八寸高，圆径三寸。华表四周有高低不一的六个小孔，围着华表，可放六只酒杯。等酒灌满，把茅亭复位，华表上六个小孔就往外喷酒。等六杯酒都倒满，酒就自动停止外射；再把六只空杯环列整齐，华表又再出酒。六杯缺一，滴酒不出。

郭老说，这件酒器，是晚明产品，用来赌酒的酒器，他是用四件心爱古瓷才换来的。郭老从清人《玩芳漫录》查出这套瓷器是瓷州（古时瓷州出产好瓷，所以才叫瓷州）一位窑主设计烧制的，当时想把华表上的酒孔改成十个，正好一桌。可是烧来改去，始终没能成功，而这位窑主人，也就因此倾家荡产，郭老所藏就是当年未毁样品之一。这件酒器令人最不可解的，就是为什么六个杯子排齐，华表才能喷酒，酒未满杯，如果拿开一只，也立刻停止喷酒。究竟是什么原理，我曾经请教几位有名的物理学家，他们也悟不出其中究竟是点什么奥妙呢！

再有一件是一座瓷制酒桥，也是斗酒时

所用的酒器。桥顶高一尺，桥长三尺八寸，桥宽五寸半，桥中拱洞高可容纳贮酒一斤的酒海（郭氏藏瓷一律制有顶、底、正、侧幻灯片，并都注有尺寸大小），桥左右各有十磴儿，每磴儿可放三两装酒碗一只。另外附有瓷制琴桌一张，把人分成两组，互相猜拳斗酒，最后哪一方输拳，由输方各人，从桥下酒海掏酒喝。酒海剩下的酒，由输方主持一饮而尽。全套瓷桥碗桌，都是白地青花，式样古朴敦实，让人一看就觉得浑脱天然，不类清代制品。据郭老考证所得，在他所著的《瓷谱》上记载，这套酒器是元代至顺年间一位督理烧瓷窑大官，别出心裁，特地烧来自用的。谈到历代瓷史，明代白地青花之大为流行，实在是元朝至顺时偶然烧成几件白地青花所引起，蜕变而来的，想不到反而成了明代特殊的名瓷。

照郭氏所藏瓷制酒器来看，宋元明清以来，文人雅士喝酒，大都想尽方法，来提高喝酒的情调。不像现在一些酒豪,一旦相逢酒筵间,刚刚摆上冷盘,就迫不及待,相互干杯斗酒,上不了两个大菜,已经醉眼模糊,舌头都短啦。那要是比起昔贤喝酒的风流蕴藉,焉能不让人兴今不如古之叹。

酒话连篇

人好饮酒，诚如《酒经》所说：大哉酒之于世也。

不分古今中外，人有两大嗜好，一个是烟，一个是酒。酒比烟的历史悠久，这是一般人公认的。可是人类从什么时候知道喝酒？酒又是谁发明的？因为年深日久，且秦始皇焚书坑儒，有关酒的文献已荡然无存。酒的身世来源说者各异，也就难以据为定论了。

《酒谱》上记述："天有酒星，酒之作也，与其天地并矣。"《战国策》上记载："昔者帝女令仪狄，作酒而美，进之禹，禹饮而甘之，遂疏仪狄，绝旨酒。曰：'后世必有以酒亡其国者。'"又有人说酒是杜康造出来的。总而言之，酒不管是谁研究发明的，一提到酒，古今中外，会喝酒的历史人物大有人在，会酿酒的专家更是不乏其人。

十四种酿造酒

照《酒谱》上的说法，酒的历史是与人类俱来的，有人就有酒了。从科学的观点来推论，这种说法也不无理由。洪荒时代，地广人稀，游牧生活除了猎捕各种野兽吃肉喝奶之外，也就是摘野生的果子吃，游牧生活是不能在一个地方久住，而要跟着水草流动移居的。果子成熟是有季节性的，在果实盛产时期也许多收藏一点。一般水果外皮都附有天然野生酵母，奶类贮藏久了也会自然发酵。果类里的糖分受了酵母的影响，和奶类发酵时都会产生酯类芳香，一吃一喝，比新鲜的果实、奶类更为可口，且让人有一种振奋舒畅的感觉，渐渐演变就成了酒。

元朝忽思慧著的《饮膳正要》上把酒分为十四种："清者曰醥，清甜者曰酏，浊者曰醠，浊而微清者曰醆，厚者曰醇，重酿者曰酎，三重酿者曰酎，薄者曰醨，甜而一宿熟者曰醴，美者曰醑，苦者曰醭，红者曰醍，绿者曰醹，白者曰醝。"这只是按着酒的颜色、风味、清浊、厚薄分出来的。严格讲这十四种是酿造酒。如果拿制造的方法来分，中外古今造酒大致可分为四类。

最原始的制酒法

一、酿造酒：酒里所含的酒精是从淀粉质者或是含糖分的原料经过发酵而产生的，这种酒含酒精成分都不高，最高也不过百分之二十左右。像啤酒、绍兴酒等都是，如果喝得不过量，对于身体是有益处的。

二、蒸馏酒：是把酿造酒或者酿造的酒糟加以蒸馏而成。这种酒的酒精含量最低也在百分之二十以上，最高有达百分之八九十的。像白干、白兰地、威士忌、伏特加等都是。酒量大的人非要喝这种烈性酒才能过瘾，可是喝得不得当而过了量，那对身体是有害的。

三、再制酒：又叫合成酒，是把酿造酒跟蒸馏酒混合调配，有的加上香料、色素、调味品、各种药材，泡上相当时间或者再加工过滤而成的，像虎骨酒、五加皮、参茸酒等都是这一类。这种酒大半都是培元固本、强筋健骨、补肝生血的。也有人特别喜欢喝合成酒，像日本的清酒，台湾地区的米酒、红露酒也都属于这一类。

四、嚼酒：这可能是最原始的制酒方法了，不但中国古代曾经拿嚼酒的方法来酿酒，就是古代南美洲、琉球、日本跟南洋群岛一带也有用嚼酒待客的记载。中国史籍《隋书·靺鞨传》更是清清楚楚写明"嚼米为酒，饮之亦醉"。清乾隆年间黄叔璥写的《台海使槎录》上说："未嫁番女口嚼糯米，藏三日后，略有酸味为曲，舂碎糯米，和曲置瓮中，数日发气，取出搅水而饮，亦名姑待酒。"由此看来，两百多年以前在台湾就有用嚼的方法酿酒待客了。

酒量是天生的

有人说：各人酒量大小是跟体型、轻重、性别有关系的。每一个人的酒量确实不同，不过躯干修伟的男性酒量并不一定就好，娇小玲珑的女性酒量也并不一定就差。喜欢酒的人说不定酒量反而差，沾酒就醉；不喜欢酒的人也可能酒量惊人。美国理化专家把酒醉深浅按照血液里所含酒精程度，分成五个阶段：一、微醺期；二、兴奋期；三、机能失控期；四、意识不清期；五、沉醉期。不管怎么分析分段，总归一句话：吸收缓慢、排泄快速的人，酒量就大；吸收快速、排泄缓慢的人，酒量就小。消化器官的吸收和肾脏的排泄，人各快慢不同，所以人的酒量也就大小不一了，与体型、轻重、性别是没有关系的。

有的人越喝酒脸越红，甚至连脖子都会红得发紫。有的人越喝酒脸越发青，最后变成苍白，一点血色都没有。也有人时而发红，时而变青。平常大家都认为喝酒脸青的人酒量好，其实也有喝酒脸变红的人的酒量更好，所以喝了酒之后脸青脸红跟酒量好坏也没关系。酒后脸变红是因为脸部血管扩张，血液充满脸上皮下血管；酒后脸变青，那是交感神经表现出刺激情形。至于酒后脸时红时青，那是交感神经和副交感神经相互排斥而起的作用，跟酒量的大小也扯不上关系的。

又有人说酒量是练出来的，天天喝酒的人酒量会越喝越大，其实天生量浅的人就是天天喝酒也练不出来。有的人本来酒量不错，就是因为天天喝酒，反而酒量越来越小。一个人酒量大小要说跟遗传有点关系倒还说得过去，因为父母的消化系统的吸收和排泄情况，多少都会遗传一点给子女。父母酒量大，子女的酒量当然不会太差劲。至于天生就不是喝酒的材料，就是整天练也练不出来的。喝酒的人要是越喝量越浅，一杯也醉，一瓶也醉，那是肝脏有了毛病，肝里不能照正常速度吸收酒里所含的酒精了。最好是立刻戒酒，赶快找医生治疗，否则会有性命之忧的。

饮者八德

谈到喝酒，中国人是最懂得酒的真趣，在喝酒的时候制造情调，培养酒趣，也就是说中国人最懂得喝酒的艺术。中国人喝酒大约可分下列几种情形：

一、在临池、看书、读经、撰文的时候，

为了触发灵感，启迪心志，一杯在手，逸兴遄飞，怡然自得，文思潮涌，这是独酌。

二、灯下晚餐，看鲜酒美，天寒欲雪，跟素心人浅斟慢酌，兴尽而止，这是浅酌。

三、三五酒侣徜徉明山秀水之间，坐卧吟唱花前月下，旨酒名菹，无思无虑，其乐陶陶，这是雅酌。

四、酒逢知己，互倾肝胆，豪情万丈，意气如云，无拘无束，相见恨晚，酒到杯干，兴尽方休，这是豪饮。

五、酒能遣忧，也能添愁。悲欢离合、喜怒哀乐，七情六欲随兴而来，任兴而饮，不计后果，不醉无归，这是狂饮。

六、酒量似海，百杯不醉，棋逢对手，不断干杯，一斤也好，两斤更妙，推杯换盏，最后连瓶一倾而下，这是驴饮。

七、事事如意，愉快飞扬，巨觥剧饮，酒量逾常，有时愤恨愁怨，积郁阻胸，但求一醉，以解愁烦，这是痛饮。

八、寿庆喜宴，同坐良俦，猜拳行令，自然开怀，称雄摆阵，不醉也醉，这叫畅饮。

把喝酒分成上述八类是明朝屠本畯分的，叫作"饮者八德"。不过见仁见智，各有不同分法，大致说来所分八德也还近理。

饮酒的礼仪

中国自古以来，酒是天之美禄，首先要敬事天地神祇，然后享祀祈福，成礼逐宾，射乡之饮，鹿鸣之歌，合礼致情，顺序而进的。就是饮酒也有规定的礼仪，一爵而色温如，二爵而言言斯，三爵则冲然以退。喝酒用的酒杯最好的是古玉旧陶，再不然就是犀角玛瑙，或者是当代细瓷。下酒小菜要有鲜蛤、糟蚶、醉蟹、羊羔、炙鹅、松子、杏仁、鲜笋、春韭等。喝酒的场所最好是曲水流筋，棐几明窗，莳花佳木，冬幄夏阴，绣襦藤席。劝酒的玩具要有诗筹、羯鼓、纸牌、箭壶。

侍酒的要明姬、小友、捷童、慧婢。饮酒有时候要吟诗作画，应准备选毫、佳墨、吴笺、宋砚、蜀绢、徽纸来助雅兴。酒要喝到淳淳泄泄，醍醐沆瀣，兀然而醉。熙熙融融，膏泽和风，悦尔而醒。酒可微醺，无致于乱。这些都是我们中华民族传统喝酒的情调美德，岂不猗与盛哉？

我最近看到明朝冯化时著的《酒史》，把当时的佳酿写了五十多种出来：山陕一带的酒有西京金浆醪，建章麻姑酒，凤州清白酒，关中桑落酒，灞陵崔家酒，长安新丰酒，山西太原酒，蒲州酒，羊羔酒，汾州干和酒，平阳襄陵酒，潞州珍珠红。直鲁豫出的燕京内法酒，蓟州薏仁酒，安城宜春酒，荥阳土窟春，相州碎玉酒。苏浙皖的高邮五加皮，淮安苦蒜酒，华氏荡口酒，江北擂酒，杭州梨花酒、秋露白，富平石冻春，处州金盘露，金华金华酒，兰溪河清酒，淮南绿豆酒，池州池阳酒。湘鄂的黄州牙柴酒，宜城九酝酒，辰溪钩藤酒。粤桂闽的岭南琼琯酒，傅罗桂醋酒，苍梧寄生酒，汀州谢家红，闽中霹雳春，顾氏三白酒。川滇的酒郫县郫筒酒，剑南烧春，云安曲米酒，梁州诸蔗酒，成都刺麻酒，广南香蛇酒。新疆的西域葡萄酒，乌孙青田酒。内蒙的消肠酒。

绍兴酒是不是名酒

这些酒不但名字很雅，有些酒甚至于连名字都没听说过。最奇怪的是流传好几世纪、驰誉中外的绍兴酒反而榜上无名，是遗漏了还是不够资格列为名酒呢？那就莫测高深了。此外在明朝泰寮出产的扶南石榴酒、印度出产的西竺椰子酒、南洋一带出产的南蛮槟榔酒也都列为名酒，可见当时喝酒风气之盛，酒类搜罗之广，也如现代一席盛筵，除了省产名酒之外，还要点缀几瓶什么红牌、黑牌威士忌，拿破仑等洋酒，宾主才能尽欢尽兴。诚如朱肱的《酒经》上所说：大哉酒之于世也。

酒话之中蕴含人生大道

北平已故名票张伯驹，不但在金融界蜚著声华，就是对金石字画古玩赏鉴力也是极高的。他处世为人干练敏实而又能面面俱到，所以他的人缘在各界可算首屈一指的。他常说："在社会上讨生活有四个主要条件。一笔好字，两口二黄，三斤黄酒，四圈麻将，四者兼备，攸往咸宜。不能四者兼备，最低限度也要占个两项，才能混口饭吃。"虽是几句普通的话，但细一咀嚼，确也不无道理。

先祖妣常常跟我们晚辈说："喝酒交情越喝越厚，耍钱交情越耍越薄。"所以舍下对于年轻人，除了旧历年半个月可以玩玩牌、掷掷骰子外，平日禁赌是非常严格的。对于喝酒，只要不喝"例酒""不酗酒"，交往酬酢浅酌几杯，是不加禁止的。笔者力细腕臑，天生没有笔姿，赌钱既非素习，且非所爱，所幸嗓筒还五音俱全，高低随心。四项原则，勉得其半，照伯驹所订标准，算是对付过关。

家中长辈虽然不禁止我喝应酬酒，可也不准喝到神志模糊的程度。所以每次有酬酢回到家里，必定先要到祖母房里报告今天酒席如何，同席何人，喝了多少酒，然后到母亲卧室又重新禀报一遍。有时多喝几杯，练成了回到自己卧房才玉山颓倒的本事。因为从未在人前出丑，所以朋友都说我有不醉之量，其实醉不醉只有天晓得了。

先师钱梦苓，是清末同文馆八大酒仙之一，平素常跟我们说："酒有别肠，酒量不佳，禀赋使然，不算丑事，酒品不佳，那才丢人呢！向人敬酒，必须先把自己杯中酒斟满，一干而尽，酒的深浅，不戴'帽子'（斟酒不满），不穿'高跟鞋'（不剩酒底）。至于对方干不干杯，不要太计较，或许人家真的量浅，也许人家不愿意跟你干杯。如果过分勉强人家干杯，岂不自讨没趣。"这种风度宏邈的酒德，使我毕生服膺不忘。

划拳最能看出人的品德来，机智、坦率也都可以从出拳上看出来。有一种争强好胜的人，跟人划拳，只能胜不能败，如果败了，就累战不休。

我有一位好友，平日够得上温良恭俭让。可是划起拳来，就一改常态，好胜之心油然而生。朋友知道他的毛病，跟他划拳总是一胜两负，立刻过关。有一次大家在埔里酒厂请一位日本清酒专家品尝我们的陈年花雕。从藏窖拿出来的原封坛装酒，既没晃动过，又没经过日光照射，自然要比市售一般瓶装酒醇和湛厚得多。两雄相遇，互不服输，旨酒当前，两人拳战足足赓续了三小时以上。直到两人伸出的手指都不听使唤，才被朋友劝走。这一餐酒虽不算喝得顶多，可是划拳时间，堪称最长的一次了。

去年假酒最猖獗的时候，社会上有心人士倡导不干杯运动。让大家不酗酒，当然是一项有意义的活动，不过喝酒成瘾的人，让他饮不干杯，那简直是势所难能。所以我主张喝酒不必管他干不干杯，基本原则是适可而止、不及于乱。

早先大陆在应酬场合，有个不成文的规定，整桌酒席先上四个热炒，至于什锦大拼盘是后来才兴的。到现在讲究饮食卫生的人请客，还是不用冷盘而用热炒。不管是中、晚请客，客人到齐，大家差不多肚子都是空空如也，四个热炒一上，宾主都可以垫垫底儿，等上头菜，主人才举杯开始敬酒。不像现在桌上有碟花生米，客人如同三月不知酒味，迫不及待，就拇战不休啦。

早年家里受过训练的仆役，或是饭庄饭馆的堂倌，一看宾主已然尽欢，再要闹下去，必定有人扶得醉人归，大煞风景场面出现，于是赶快上甜菜或甜汤。客人一看，知道主人虽非下逐客令，可是无形表示尽此杯中酒了。现在可好，客人上桌，一看有一盘油吞果肉，或是蒜泥浸带丝，座中再有一两位刘伶之癖的朋友，管他什么醍醐醹醑，旁若无人般七巧八马，喧笑闹哄起来，主人拦既不能，劝又不听，这种尴尬场面，笔者遇见过多次，好在未殃及池鱼，总算万幸。不过有一次在健乐园参加餐会，座中有位曾任作战司令的朋友，一入座不论识与不识的朋友就愣跟人猜拳赌酒。此公指法本欠高明，量又不算太雅，菜未三巡已经出语无状，舌短颈粗。有些人打算暗暗离席，免得跟他纠缠不清，谁知他当门一坐，只许进不许出。大家正在彷徨无计，幸亏国术名家郑曼青亦同筵席，跟那位司令大人半真半假表演推手，逼得他频频后退，让出门堂，客人才陆续走出。嗣后遇到朋友请客，有那位司令在座，大家都敬谢不敏。这是我毕生所见酒品最坏的朋友了。

　　现在应酬场合，喜欢拿洋酒招待客人，以示阔绰。喝威士忌应当是掺点苏打水喝，最低限度也要加几方冰块，可是台北偏偏买不到苏打水。有些大饭店竟然既不备冰块，又没苏打水可掺，若对喝烈性酒没有几年道行的人，可就惨啦！有一位英裔罗得西亚朋友格兰跟我说："我遇到这种场合，总是喝得酩酊大醉，非常头痛。后来我想出了一个绝妙的方法，就是向主人表示，最爱喝台湾的花雕酒，这样就可以免掉纯威士忌干杯的恐惧了。"

　　前天在一家超级市场，看见货架子上已经有小瓶苏打水出售，真是饮者之福。希望以后喜欢用威士忌请客的朋友，附带准备些苏打水，免得让参加宴会而又不善于纯威士忌干杯的朋友们发慌。

曲糵优游话酒缸

一九五一年，我在台北曾参加一个不定期酒会，加入的酒友都是黄白不拘、有几分酒量的人物，会员到齐足足能坐满三桌。有一次，一位酒友发现自己有一打窖藏，是当年从贵州带出来陶瓷罐装茅台酒（赖茅），于是又召开了不定期酒会，前后两次酒会，时间相差半年。后一次到者勉勉强强凑成一桌，有的医嘱戒酒，有的驾返道山，一餐吃完，只喝了四瓶。若在早年，一桌人喝一打，也不算稀奇呢！

饭后大家都有几分醉意，于是聊起北平的大酒缸来。在北平住久了，会吃的朋友都不爱进大馆子，讲究吃小馆，再不然约上两三知己上大酒缸，要两壶二锅头，选几样自己爱吃的下酒小菜，浅斟慢酌，高谈阔论，的确别有一番情调，是局外人不能体会得到的。

酒后想吃什么，各凭所欲，来碗刀削面、猫耳朵，或煮盘饺子，下一碗馄饨，酒足饭饱之余，管保教您有飘飘欲仙之感，这就是北方大酒缸的素描。

北平东四、西单、鼓楼前，都有大酒缸，可是酒的优劣大有差别。故友金受申是泡酒缸的行家，据他说，好的二锅头，首推鼓楼永兴酒栈。大酒缸这行生意跟海味店，全是山西人独占生意。这类大酒缸，通常都是两间门脸儿，像永兴三间门脸儿的算是独一份儿了，有些怯勺还不敢随便进去呢！店里摆着几口两人合抱的大酒缸，有的老酒店把缸底还埋在地下三分之一，说是沾了地气，酒不上头而且柔和。酒缸上面盖着用厚木板加亮漆做的缸盖，漆得锃光瓦亮，这就是大酒缸的活招牌了。

大酒缸不分散座、雅座，来喝缸的人都是围缸而坐，间或摆上三两张小方桌，凡是跟朋友有私话要谈，说合拉纤谈买卖，多半找张方桌坐，就不跟大家围酒缸啦。

大酒缸全都有字号，而且牌匾都是名书家或三鼎甲写的，不过牌匾都是悬在屋里，去喝酒的人，只注重酒的醇不醇，很少有人留意牌匾是什么字号、什么人写的。有些人在这家喝了一二十年的酒，只知道是什么地方的大酒缸，能够说得上字号来的，恐怕寥寥无几。

大酒缸卖的酒，二锅头也好，净流也罢，全都放在柜台的鬼脸坛子里。酒是论壶计值，用锡制酒壶，也有的用酒素子，一般都是二两、四两两种，只有什刹海烟袋斜街一家酒缸有六两装的酒素子。据说张之洞卸任湖广总督之后有几名戈什哈，跟大帅进京，就住在张家别墅寸园。每天晚上泡大酒缸，总觉得酒缸欺负他们外乡人，每壶酒的分量不够，时常吵吵闹闹。后来让张香帅知道了，特地到锡器店订打了六两装的壶，交给柜上专给戈什哈们打酒，所以流传开来，都说这家大酒缸有六两装的壶。

抗战胜利后，我同两位酒友特地前往印证，跟柜上要六两装的壶打酒，掌柜的知道我跟南皮张家有渊源，不但喝到南路净流的好酒，还吃到老板自己下酒的酥鲫鱼、酱兔腿呢！

有些年轻朋友，刚刚学会了喝两盅，又怕人笑话他酒量太差，总喜欢匹马单枪偷偷到大酒缸泡一阵子，初学乍练，酒量当然不会太大。您喝不了一壶，叫一杯酒来喝，酒缸的东伙，照样欢迎，因为这种人酒喝不多，菜却不少叫呢！

喝酒的朋友，每个人习惯不同，有人喝四两，有几粒花生米、半块豆腐干，就够下酒的了；有人喝酒必定要几样可口的下酒小菜。大酒缸准备的酒菜极其有限，通常只有拌芹菜、虎皮冻、煮花生、盐水青豆、胡萝卜、豆腐干而已，如果自己带菜来，店里是不会反对的。

因为酒缸准备下酒的小菜不多，所以每家大酒缸门口，总有一两个卖熏鱼或泡羊肚、羊头肉的，喝酒的想吃什么可以指名要，等酒足饭饱一块算账。

西四牌楼砖塔胡同把口一家大酒缸，不但酒好，而且门口一个摊子刀削面特别有名，他不单面削得薄而匀，而且浇头大炒小炒不油不腻。舍弟陶孙是滴酒不沾的，他想吃刀削面，撺掇我去那家大酒缸喝两盅，他好跟着吃刀削面。北平晋阳春曾师傅刀削面最有名，他认为还赶不上那家大酒缸的刀削面浇头入味。雍和宫附近有一家酒缸，据说他家有一部分烧酒，是私酒贩子从朝阳门背进来的，赶巧了真有好酒。他家门口卖猫耳朵的虽然也是山西人，可是做法别致，烩而不炒，对牙口不好的最对胃。广福居（别名穆柯寨）的女掌勺穆大嫂曾经特地从南城跟到北城去尝试，认为确有独到之处，自己回到柜上试做了几次，都没有人家做得好，所以后来您到穆柯寨叫猫耳朵他们只卖炒不卖烩了。

马市大街有一家大酒缸，除了南路烧酒外，兼卖保定出产的土黄酒，又叫"干炸儿"。这是北平唯一不是山西人经营的大酒缸，一个卖烫面饺儿的是顺义县人，一个卖馄饨的是保定府人，蒸烫面饺儿的笼屉，永远是热气腾腾，一屉一屉往屋里送。馄饨挑子锅里的高汤，随时都在翻滚，馄饨虽然没有什么特别，可是汤清味正，作料齐全而且地道。

卖烫面饺儿的叫老奎，从早上到中午推着车子在马大人胡同、钱粮胡同做生意，过午就到酒缸门口摆摊儿啦。北平人吃的烫面饺儿除了猪肉白菜、羊肉韭菜、牛肉大葱之外，很少用菠菜、荠菜、小白菜等深绿色蔬菜作馅儿的。老奎烫面饺儿的馅儿除口蘑、三鲜、荠菜、菠菜之外，还有茄子、扁豆、冬瓜等，可以说应有尽有，集各种荤素馅儿之大成。

抗战时期吴子玉避居北平什锦花园，既恨日本人阴狠残暴，又恨汉奸们恬不知耻，因为肝火太旺，时常闹牙痛不能咀嚼东西，只有吃奎子的烫面饺儿软软乎乎不致牙痛，一叫就是百儿八十的，所以不久老奎的烫面饺儿在东北城算是出了名啦。抗战胜利时，笔者回到北平，听说老奎领个牌照自己经营一份儿酒缸，生意还挺不错。自从"红卫兵"几次清算斗争，老奎被斗得扫地出门。他们认为大酒缸是有钱有闲阶级的消遣地方，也都陆续淘汰，现在大酒缸已成为历史名词了。

漫谈绍兴老酒

前几天，跟几位朋友在一家四川馆"美洁廉"小酌，在中有陆奉初先生。陆老久宦京师，年登八耋，当然大陆各省佳酿无不备尝，忽然提出一个问题，他听说绍兴酒存贮两年的最好喝，年代太久香头就差了，他藏有十几年前埔里酒厂绍兴酒，问我还能不能喝？我说："绍兴特色是越陈越香，久藏不坏，如果辗转更换容器，可能有沉淀现象，用细纱布过滤到适度来喝，保证比市售的陈年花雕还要来得香醇适口。在大陆产地绍兴，大家都说吃老酒而不名，您就可以思过半矣。"因为喝绍兴酒，大家就谈到绍兴酒的来源。

依据《吴越春秋》记载，早在两千多年以前，越王勾践曾酿美酒以献吴王，传说伍子胥的军队，得之狂饮，积坛成山；如今绍兴城南的"投醪河"，就是因此而得名的。南朝梁元帝在著述中也谈到，他年轻读书时，身边"有银瓯一枚贮山阴甜酒"，可见绍兴酒在一千四百多年以前，就进入贡品行列了。宋代著名诗人陆放翁，晚年家居山阴不离诗酒，称"故乡无处不家"，足见绍兴的酿酒，在宋代已经十分发达了。

绍兴老酒是用精白糯米麦面和鉴湖水酿造而成的。俗语说："名酒出处，必有名泉。"鉴湖水源自会稽山区，经岩层和沙砾过滤净化，水色澄清，并含有微量矿物质，极其适宜酿酒（台湾烟酒公卖局所属板桥、台中、埔里、花莲四个酒厂都制产绍兴酒，可是若干年来，中外各界品评结果，仍以埔里酒厂产品口碑最佳，自然制酒的技术经验，各有不同，而埔里酒厂有一口澄明芳冽的井水，也是主要原因）。但不光要有甘沁良泉，还要有卓越技艺经验的老师傅辛勤操作，控制时宜，才能酿出色香味出众的绍兴酒来。

绍兴酒因为酿造方法不同，在品种上，有状元红、女儿红、竹叶青、太雕、花雕、善酿、香雪、加饭之分。竹叶青色浅味淡，温醇清馨，当年杭州的碧壶春，就是以竹叶青驰名远近。至于山西白酒的竹叶青，嘉义酒厂白干底子的竹叶青，前者是抗战胜利之后，后者是二十世纪七十年代，才大行其道的。笔者浅酒，当年在大陆还没喝过白酒底子的竹叶青呢！加饭酒这个名词，在台湾的饮君子，或许听来耳生，其实那是绍兴酒中最出色的一种。加饭是酿制绍兴时，在一定水系比例之外，再加糯米饭加工酿成，加饭酒质地特别醇厚，味甘可口。

有些外国朋友来观光，认为我们有几种酒，的确香醇甘洌在水准以上，可惜有些水果蒸馏酒，研究得还不到家，他们喝起来觉得还不十分习惯。我想台湾各酿造绍兴酒的酒厂，不必标新立异，好好研究，如能够酿制出竹叶青、加饭一类酒品，不但可以减少绍兴酒生产压力，对于增加收益方面，可能也不无助益。同席各位朋友都表赞同。我想此举既不需大量增加资本支出，又能增加收益，又何乐而不为呢！如荷采纳，我想我们不久的将来可能就会有新品竹叶青、加饭酒来喝了。

上海的柜台酒

几位江浙朋友一块儿小酌，酒酣耳热，有一位大家叫他胡老总的说："你在'联副'写了一篇北平大酒缸，看得我酒虫从喉咙直往外爬。当年我们在上海都是喝柜台酒的老朋友，现在只说北平的大酒缸，对于上海喝柜台酒却只字不提，未免厚彼薄此了。"经胡老总一说，我也觉得是有点儿差劲，所以写了这篇上海柜台酒，以资补过。

上海吃老酒讲究是陈绍、花雕、太雕、竹叶青一类黄酒系列，上海有名的遗少小辫子刘公鲁，吃饭时每餐都要食前方丈，七个碟子八个碗，可是他一喝柜台酒，放荡形骸，就完全变了一个人了。他说，绍兴酒是我们中国国宝，世界各国哪国都没有这种香醇浓郁、糟香袭人的酒；他的欧美朋友到中国来在他家吃饭，罗列东西各国名酒，十之八九都喜欢喝太雕或竹叶青，这就证明中国的绍兴酒比他们的威士忌、白兰地要高一筹。喝绍兴酒要像《水浒传》里黑旋风李逵、花和尚鲁智深一样，大碗喝酒、大块吃肉才够味儿，只有到四马路喝柜台酒才有这种情调。

上海四马路"高长兴""言茂源"都是卖柜台酒的老字号，柜台高耸，擦得锃光瓦亮，不见半点油星儿，上面照例是大盘冻肴蹄、一盆发芽豆，还有油爆虾、熏青鱼、八宝酱、炒百叶几样小菜。柜台前有两只长条凳，可是吃酒的人没有一位是坐下来的，大半都是脚踩条凳，身靠柜台吃喝起来。叫一串筒酒倒出来大约是三海碗，大约您要半串筒酒，就有人笑您是雏儿或半吊子，既然喝不了一串筒酒，又何必出来喝柜台酒呢！

像"高长兴""言茂源"这样整天川流不息、酒客进进出出的大酒店，烫好的串筒酒，往您面前一放，锡筒没有不是东凹一块，西瘪一块的。据酒店人说："起初是客人们喝醉了逞酒疯，摔得像瘪嘴老婆婆似的，后来你摔我也摔，不摔就显不出您是老酒客啦！"

到四马路喝柜台酒的，上海虽然风气开通，也清一色都是男生，唯一例外的是花国大名鼎鼎的富春楼六娘，她是袁寒云、徐凌霄等人带着喝过一次柜台酒，后来每到隆冬初雪，总要光顾一次"言茂源"。不过她怕看又瘪又脏的旧串筒，柜上总是留着一两只新锡筒给她烫酒。

叶楚伧、刘史超、何企岳，他们几位都是著名的酒仙，据他们品评的结果，"高长兴"的竹叶青浆凝玉液，韵特清远，"言茂源"的陈年太雕，沉色若金，琼厄香泛，只可惜两家下酒的小菜均不高明。姬觉弥是上海印度富商哈同的总账房，他虽然生长在徐州，靠近有名的阳河大曲产地南宿州，可是他却喜欢喝鉴湖的太雕，每月需要光顾"高长兴"三两次。"高长兴"铺面是哈同公司产业，姬大爷来喝酒自然奉为上宾。姬喝酒从来不叫小菜，进得门来身靠柜台，一只脚踩着板凳，先来上一串筒，一筒喝完再续一筒，两串筒酒下肚，立刻就走。有些人跟姬觉弥交一二十年朋友，还不知道姬觉弥是黄酒大亨呢！

当年上海电影界名导演但杜宇、殷明珠，都是喝老酒的高段数人物，他们夫妇是"言茂源"的老主顾，三串筒花雕、三碟发芽豆，从来没要过别的酒菜。自命为前清遗少小辫子刘公鲁，可就跟他们喝酒大异其趣了，他小辫子始终未剃，宽袍短袖，一派盛国孤忠的气派，喝酒带小厮给他装水烟抽。他的酒量如果喝完一串筒，就准得胡言乱语，可是他偏偏夸海量讲排场，要吃三马路大发的拆肉、大雅楼的酥鱼、功德林蔬食处的冬菇烤麸，三者缺一不可，有时自带，有时让酒店学徒买，一顿酒要吃上两个多钟点。可是柜上也特别欢迎，因为他小费出手很大方，往往给小费超过了酒菜钱一倍。

民国十四五年我在上海，有一班朋友是喝柜台酒的，我受了他们影响，也跟着他们东跑西颠喝柜台酒，其实我的目的是吃大闸蟹。"言茂源"论座位，没有"高长兴"舒服，论酒的品质，也没有"高长兴"来得醇厚，可是到了螃蟹上市，"高长兴"的生意就赶不上"言茂源"了。

北方吃螃蟹讲究七月尖八月团，南方秋晚金毛玉爪阳澄湖的大闸蟹才肉满膏肥。上海几个大菜场虽然都写着有"新到大闸蟹"，可是凭肉眼看，是真是假，颇难确定，同时挑尖选团也颇费事。"言茂源"所卖的大闸蟹，虽然价钱稍贵一点儿，可是货真价实，要尖就尖，要团就团。盛杏荪的公子小姐们有在"言茂源"雅座里八个人吃了五十只尖脐的记录。螃蟹好吃在油膏，台湾蟹不论哪一种都是蟹黄太多，令人难以下咽。

"言茂源"楼上辟有雅座，所以有些莺莺燕燕也来喝酒，当年名噪一时的花国总统富春楼老六，有时跟她的相好，在灯灺人静的当儿，也来低斟浅酌一番。据她说："言茂源"每天卖不完的团脐，立刻用酒醉起来，由老板的如夫人亲自动手，加酒羼盐放花椒的分量都有诀窍，一星期就能登盘下酒，不像宁波的盐蟹，要好久才能吃呢！

老报人何海鸣、叶楚伧都吃过"言茂源"的醉蟹，据说风味绝佳，就是要碰巧了，才能吃得到嘴。

胜利还都，正是秋高蟹肥的时候，走过四马路，想起了"言茂源""高长兴"，找来找去，已无遗址可寻。经一位摆报摊的老者相告，"高长兴"原址的楼面拆掉，重盖新厦后开了一家立群书店，"言茂源"将门面缩成一小间，虽然仍然卖酒，只应门市外送，已经不卖柜台酒。我想，北方的大酒缸、南方的柜台酒，恐怕已经是历史名词了。

陕西凤翔的柳手酒

　　有两位没到过大陆的朋友，问我凤翔到底有些什么出产。我告诉他们，凤翔在陕西省境内，陕西省会西安在古代是我国周、秦、汉、隋、唐都城所在地，前后八百多年，文化盛极一时；同时西域各国如天竺、波斯等邻邦，都遣使入贡，使得古称长安的这个省会成为接受外国文化最早的地方。

　　由唐代大诗人李白的"胡姬招素手，延客醉金樽""落花踏尽游何处，笑入胡姬酒肆中"来看，当时长安市上的酒馆，已经有洋妞当炉待客了。

　　凤翔距离长安之西，只有四百多华里。

陕西有句谚语是："凤翔三宝：东湖柳、女人手、凤翔酒。"我初到凤翔就听过这个谚语，以为陕西地近边塞，风高土厚，凤翔东湖的垂柳，郁郁葱葱，青翠茂密，女人手白柔细嫩，凤翔酒甘洌清醇而已。住了几天跟当地父老一打听，才知道东湖柳，条长梗韧，用柳条编成篓子，外边漆上桐油，凤翔酒装在篓子里，摇摇晃晃，转运千里，酒香才孕育出来。抗战期间在大后方跟贵州茅台、绵竹大曲鼎足而三的，就是凤翔白干改名的西凤酒。

据说凤翔的柳林镇一带，水质特佳，玄清卉醴，最宜酿酒。这一带农家，等高粱成熟，都拿来酿酒，待酒酿成，由大众公议，择日开"品酒大会"，请当地善饮父老，逐一品尝，赞香誉味，厘定等次。吐馥留香，杯浓积翠，场面之宏大，台湾之大拜拜差堪比拟。

西北民情比较保守，彼时妇女服装又没

有现在祖胸露臂这种时尚，襟袖稠叠，纤纤玉手，实在无法窥见，传说凤翔女手之美，只有徒殷结想而已。有一天我应邀参加当地李姓宗祠新厦落成上香典礼，并有杂耍助兴，有位唱梅花调的鼓姬叫连筱茹，一手拿着鼓槌，一手拿着梨花片，十指春葱，手如柔荑，她手之美是当地有名的。在座有白石老人的高徒画家李苦禅，博解宏拔，最喜欢说说笑话，他说："张大千画美人，开脸、发髻、衣纹、配色无一不美，就是美人的手嫌胖一点。大千画美人，如果拿这样手做范本，那他画的仕女就尽善尽美了。"

听说后来大千在北平天桥如意轩果然发现一位鼓姬，在北平有几幅工笔仕女的手就是如此取法的。此话是于非闇后来告诉徐燕荪，才传出来的，于跟大千交称莫逆，所说谅非虚构。

故友张人杰，隶籍东北，旅陕有年，他说："凤翔妇女不但手美，而且上炕一把剪子，灶上一把铲子，针线、烹饪都拿手。"如此说来，凤翔手不但美而且巧，那就无怪其然让人称羡啦！

闲话香槟酒

现在的台北已然跻身世界大都市之一，国际交际频繁，觥筹交错，喝香槟酒的机会也就增多。现在我就把所知道有关香槟酒的种种拿来谈谈吧。

法国是以产葡萄出名的，而香槟酒的主要原料就是葡萄，所以香槟酒以法国产的最出名；而法国的香槟酒，又以香槟区酿造出来的香槟酒更好喝、更够味（法国主要生产香槟酒的地方一共有三处，是"梨姆司""厄培尔""沙龙"，而这三个地区形成三角地带，法国就叫它香槟区）。

法国香槟区出产葡萄，跟我们中国新疆

出产马奶葡萄，都是久负盛誉，驰名国际的。当罗马恺撒大帝打败法兰西，他的远征军统治法国全境的时候，在马尔纳河堤两岸的葡萄园，一天比一天扩展增多。到了罗马多米西安皇帝时代，突然下令严禁法国民间再种植葡萄，并且派有专人在香槟区巡查，管制更为严密。据说多米西安皇帝鉴于远征军外戍太久，无论长官士兵，都对法国的香槟迷恋上瘾，十之八九都变成酒鬼，丧失了斗志，整天嘴离不开瓶子，哪还能保疆卫土。罗马占领法兰西，原来是要法国农民大量种植米谷，以便予取予求，尽量榨取，供应罗马军糈民食的。如果田间大量种植葡萄，岂不减少了粮食的供应？再拿酒的品质来说，法国酒的色香味自然比罗马高明，长此下去一定会把罗马制酒业打垮，只有控制原料，永绝后患。可是事过境迁，又过了两个世纪，罗马到了普罗布斯皇帝当政时期，不知道怎么一下子心血来潮，又命令罗马远征军，在法国香槟区沙龙一带恢复种植葡萄，把从前禁种命令完全撤销。

后来法国天主教会因为弥撒典礼中要用纯葡萄酒的关系，自行种植葡萄。想不到所种的葡萄酿出来的酒，不但颜色澄明，而且酒味特别芳洌；教会的土地又遍及法国全境，再加上教会一部分主教从育种到酿造，都指定专人潜心研究改良，经过教会提倡鼓吹，由葡萄汁酿造的香槟酒除了质地醇厚、适口芳香以外，更富营养价值，尤其在医疗方面，用处更广。所以当时香槟酒在法国，简直成了不可一世、唯我独尊的酒类制品了，不过当时的香槟酒是拔去瓶塞没有泡沫喷出的。一直到十八世纪以后，法国首先发明了有泡沫的香槟酒，这才渐渐地把不起泡沫的香槟酒淘汰了。据说有泡沫的香槟酒刚一问世的时候，法王为了敦睦邦交，知道德皇对香槟有狂热的喜爱，特派专使送了若干箱起泡沫的香槟酒给德皇。德皇大乐之下，当着特使大开香槟，一声清脆开瓶音响，跟着惊雷涌雪，馥郁淋漓，在逸兴遄飞、酣然欲醉之下，有关两国纠缠不清的国际问题，以及交涉公文、久悬未决的条约签署，都在高举香槟、气韵冲和的欢笑声里，容容易易签字订约。所以有人说，这是法兰西香槟外交赢来的胜利，由此看来，香槟酒的魔力有多么大啦！

据说起泡沫的香槟酒，是法王路易十四时代，也是教会里一位叫百西昂的司铎，在无意中所发明的。在当时欧洲各国，正在开始用木栓来做瓶塞（木栓即软木塞），这位司铎有一天打开一樽酿造好的葡萄酒，哪知酒还没有发酵完全，于是把少数量的酒，灌在瓦瓶里，用木栓重新塞住。葡萄酒在瓶里再度发酵，等到后来再度开瓶，泡沫于是堆云涌絮，奔腾四射而出，那就是现在大家所喝的有泡沫的香槟酒啦。

据一位法国酿造专家说，香醇柔美的香槟酒，原料葡萄的品种，一定要用黑、白两种葡萄来酿造。黑葡萄是比诺罗瓦品种，白葡萄是霞多丽种，白的清醇涵秀，黑的浓烈甜香。如果只用白种，味道就觉得轻淡有余，醇厚不足。所以酿酒的都是把两者混合掺兑，可是在比例方面，就大有讲究啦！同时就是同一品种，由于产区不同，甚至同一产区，种植地带一在山之隈，一在水之涯，也都有其不同风味和特征。那只有酿造专家，才能分辨出来，一般酒客是没法判别的。不过当年法国贵族中的美食专家们，也有专用的香槟酒，特别指定纯用黑葡萄，或者纯用白葡萄酿造的香槟酒。因为轻淡的酒，适合在吃鱼虾鳞介等菜肴时饮用；而烈的酒，在吃肉类的菜肴时，是比较开胃去油的。

最早酿造香槟酒，是把葡萄摘下来，尤其是黑葡萄，趁果皮的细胞还没有死，立刻压榨取汁，果皮上的色素，就不会溶到果汁里去。葡萄虽然是黑的，可是果汁依然是白的，所以高级香槟酒全是明净莹澈无色的。

笔者当年在汉口维多利亚饭店曾经喝过一次浅玫瑰色香槟，据主人说，这种香槟不易得到，异常名贵，我这个乡巴佬儿，当时的确被唬住啦。过了二十年，遇到一位香槟专家，特地向他请教，才知道用黑葡萄制果汁的时候，如果先把葡萄来一次加热处理，果皮就有红色素挤出来，酿造出来的香槟酒，自然就带粉红色了。这种具有罗曼蒂克色彩的香槟只能在玩笑场合里喝喝，真要是正式宴会，这种粉红色香槟酒，是不能登大雅之堂的。

　　同是香槟酒，可是品质优劣距离之大，真有霄壤之别。香槟酒的好坏，制造过程中，发酵关系最大。最初酿造香槟酒发酵，是用坛罐瓶缶一个个装满密封，让酒慢慢发酵的。经过半年，就变成含有残存糖分的淡甜酒，再把黑白两种，照自己秘方的比例，加以搅和；如果糖分不足，还要再加蜜糖固封，进行第二次发酵。此时容器的塞子，一定要特别坚实，而且塞盖四周，要用圆铁片绑扎牢固，越不漏气，越能增加对因发酵而产生的碳酸气体的抵抗力。

就这样再经过三年，然后选择阴暗的地方，把容器分别放在一种木材特制酒台上，瓶口朝下，倒立起来，每天派专人在固定时间，以固定次数慢慢地旋转，让里面的酵母渣滓，渐渐聚集在容器口上。然后在坛口装上一具小型冷冻器，等容器上的渣滓冻成冰柱后，再把瓶塞打开，那时碳酸气压力充沛，立刻能把渣滓冰柱排挤出来。等冰柱挤出，容器里一有空出位置，立刻用白兰地酒填满，再把瓶塞塞紧，绑上铁丝。这样一来，香槟酒发酵工作全部完成，可以放在窖里，待价而沽了。

近几年来，中东产油国家，因卖油起家的暴发户忽然增多，在中东喝香槟酒的风气，也就一天比一天盛。香槟酒在供不应求的情形之下，有些不顾商誉的酿造商，于是异想天开，把葡萄酒和蜜糖加白兰地，再灌注上碳酸气，运往中东充销供售。好在那些暴发的豪门巨富，目的在装门面、摆排场、斗富争胜。管它什么是酿造香槟，还是合成式的香槟，只要在灯红酒绿、纸醉金迷的场合，当众开香槟，"嘶嘭"一声，酒沫四溅，大家知道咱是有钱的阔客，也就心满意足啦。至于真正对酒类有高度欣赏力的酒客，甭说酿造香槟，合成香槟，倒在酒杯里一闻，立刻知道真假，就是英、西、法、意哪一国的产品，年份酒龄，浅尝一口都能历历不爽地给您指出来呢。

关于香槟酒怎么喝法，也是大有讲究的。喝香槟酒一定要冰过，但是不能冰过了头，一冰冻过头，酒的香味就大打折扣。装碎冰的小冰桶，所放的碎冰块大小也要差不多，冰块大小不匀，也会影响酒的风味。在小酒桶冰镇，最好是半小时就拿出来，拿出时酒瓶要先倒过来，轻轻地摇晃两下，让瓶底瓶口的酒冷度混合划一，然后拉开瓶子的金丝线，再拔瓶塞。拔瓶塞也要懂得手法，必须要慢慢转动着拔，因为愈是陈年香槟，瓶塞愈易糟朽，如果瓶塞碎木落在瓶里，或是断在瓶口，这瓶酒就糟蹋啦。此外开瓶的时候，泡沫喷得太猛，酒也会跟着射出流失一部分，所以开瓶时，只要酒瓶稍稍倾斜一点，不致把泡沫溅人一身就成了。在正式大宴会中，自然有侍者开瓶倒酒，不劳我们烦心，可是朋友小叙，郊游野餐，从冰酒、开瓶、倒酒，都得亲自动手。如果一点儿都不会，结果酒的损失不谈，朋友一定笑我们是土包子的。

洋人喝酒，喝什么酒，要用什么杯子，都有一定之规的。就拿喝香槟酒杯来说吧，早先讲究用细而高的杯子，因为细高酒杯，可以让杯中泡沫保持堆积的时间延长，不易消散。可是有一点要特别注意，酒杯一定要擦得洁净，如果沾上油腥，泡沫还是很快就消失的。近年来喝香槟又时兴用矮而胖的酒杯啦，据说是一位巴黎香水专家研究出来的，他说用细而长的酒杯是看酒，用矮而胖的酒杯香槟的芳香才能尽量发挥出来，那是闻酒。对于感官来说，嗅官又胜于视官了，于是短粗大面积的酒杯，乃大行其道，这也算是喝香槟酒杯的一种演变。

最近有一位新从海外回国的朋友说，他在南非共和国喝过一次苹果绿色的香槟酒。是否是香槟酒的变体，还是新发明的玩意儿，恕咱孤陋，那就说不上是怎么回事儿啦。

白酒之王属茅台

　　黄河以北的人，平日低斟浅酌，良朋小聚，除非正式宴会，十之八九是用白干儿的。

　　谈到白干儿，大酒缸所卖廉价品，不是酒头，就是酒尾，掌柜的又怕金生丽（水）羼得太多，酒不够劲，水气太重，缸底总吊着一块红矾，或者是一撮鸽子粪，把酒吊得一进口，让您觉得酒有分量，可是酒一足兴，小风儿一吹，立刻头重脚轻，口干舌燥的不合适。所以没事喜欢喝两盅的朋友，不管南路也好，北路也好（北平白酒分南路、北路两种），一定要喝白酒的二锅头，酒是醇厚湛洌，好在酒不上头。再不就是海淀莲花白、同仁堂的绿茵陈啦，夏天喝这一白一绿两种白酒，的确杀水祛湿，既过酒瘾，还带疗疾。再高一等的白酒，不是山西杏花村的汾酒，就是陕西凤翔府的凤酒啦。

笔者生长北方，认为喝汾酒、凤酒，在白酒来说，已经算是白酒中的极品啦。

北伐成功，全国统一，好友李藻荪被财政部派到北平，整理河北省财政。他跟乃弟云伯，不但是品酒专家，而且在遵义老家窖贮丰富，是当地藏酒的名家。他们昆仲一到北平，笔者知道他们精于品啜，请他们吃饭，生怕一般二锅头拿出来不够体面，特地把家藏十多年的汾酒拿出来待客，显摆显摆。

酒一开樽，虽然清馨芬郁，酒香盈室，可是他们昆仲浅尝几杯，只是说酒还算不错，贵在没有水气。我告诉这是存了十年以上山西汾酒，他们批评说，以品级论，这种酒，可以媲美四川绵竹泸州出产的大曲，可是比起白酒之魁的贵州茅台酒的香又醇、滑不腻、湛而重，可就稍有逊色啦。笔者虽然酒量不宏，可是爱酒成癖，听说茅台酒比汾酒还要来得清逸湛沁，于是撺着李藻公把白酒之魁茅台缘起、优点说出来增长见闻，同时过过酒瘾。

李说："贵州是缺盐省份，所有食盐都是由四川省供应，令人奇怪的是川盐运黔的业务，不操在四川人手里，反而是由山西、陕西的盐商把握操纵。北地天寒，山陕一带的人，平素都喜爱喝两盅，可是他们只喝芳烈的白酒。这帮人起初一到贵州，喝那贵州用玉蜀黍酿的土烧酒，酒一进口，炸腮刺喉，简直没法下咽。后来有人发现仁怀县茅台村杨柳湾，有一条赤水河支流的一个小河汊子，水质晶莹，入口清劲温淳，遵义府属又是贵州高粱产区，高粱取之不尽，水又甘沁沉厚，准能酿出上等白酒。盐商们一向是养尊处优舒服惯了的，于是不惜重金，回到家乡把一等一的酿酒高手，并带了制酒曲子，请到贵州来，在杨柳湾设厂造起酒来。起初出的酒虽然香头不足，可是已经没有涩唇辣喉的毛病了。

"同治八年（1869），贵州的高粱大丰收，他们做了大批的高粱酒没处屯放，酒是越陈越香的，于是开挖地窖，把喝不了的酒窖藏起来。又怕漏酒走气，于是挖好了深坑，用石板垫底，四面再用石条筑墙，用青白灰溜缝砌平，再把糯米熬浆混合三和土铺好砸实，上面再铺一层极细河沙。做好的酒，经过窖藏两年以上，酒让河沙不断地侵吸，所有火爆辛辣之气全消。所以真正极品茅台，只要一开罐，屋里立刻充满了湛洌的柔香，会喝酒的一闻，就知道是茅台酒开罐啦。就因为这种酒入口不辣而甘，进喉不爆而润，醉后不会叫渴，更绝的是酒不上头。从此贵州的回沙茅台酒，民国八年在巴拿马万国博览会参加比赛，品酒会上，被列为世界佳酿之一，不但成为白酒之王，而且驰名国际啦。遵义有一位乡前辈华联辉老先生，光绪初年，在茅台村杨柳湾，正式成立成义烧房（北方叫烧锅，南方叫烧房）。因为销路畅旺，又开了一家荣和烧房。凡是会喝酒的人，都懂得酒是陈的好，回沙茅台，也是窖藏年代越久越香。后来华家后人华之鸿，又研究出用原酒浸糟新法，使得华家茅台酒更加清逸沺润，柔曼甘沁，地方官甚且把它列为贡品。

"华家制酒有一原则，它窖存酒从不清窖放干，总要留三分之一酒叫'护窖'。开窖出酒的时候，一面出老酒，一面进新酒，新旧混合轮转交替，源远流长，让酒的香醇风格永远一致。

"就是这样兑酒出酒，大家仍然是比较喜欢成义老窖出品的。因为老窖酒底深厚，自然香头清湛，酒味柔润。荣和窖新，酒的色香味比起老窖虽然稍逊，其实也差不了许多。可是喝惯茅台的老客，只要酒一沾唇，就能分出新窖老窖，您说品酒的嘴有多厉害。早年要想喝真正茅台酒，也不是有钱就可以买到好酒，必须跟盐号有交情才行。因为盐商在盐岸管辖区销盐所得现银，没有钱庄票号划汇，成千上万的现银，自己携带上路，既不安全更不方便。差不多都买点药材、山货、鸦片一类货色到重庆去脱手；遵义府属就在茅台村购买茅台酒啦。沿着赤水河运到重庆，大家一抢而空，就变成现金，比什么货色都抢手。

　　"川滇黔桂几省在北伐之前，有一阵子极为混乱，军阀内战此起彼仆，没有一时停止。哪一派占据遵义怀仁茅台一带地区，对于茅台佳酿虽不到竭泽而渔的地步，可是酒窖里的新酒旧酒的轮替，总是出多入少，品质当然大不如前，一天比一天差。当年贵州有位大军阀袁祖铭，他的老太爷叫袁干臣，一看茅台生意那么好，仗着军阀势力，就在贵阳城西开了一家酒厂制造茅台。水质既没加以考验，所请的师傅说是山陕老师傅嫡传，其实都是些成义、荣和两家翻曲滤酒的粗工滥竽充数，蒙事骗人而已。所出的酒，茅台品质风味全无，只能说是土酒改良，大家都叫它袁老太爷茅台（抗战时期大家所喝的'赖茅'就是袁老爷茅台的前身）。喝过纯正茅台的朋友，对于那种赖茅，简直不屑一顾。

"川黔一带的老酒客有一句流行话是'茅台酒是兑出来的'，因为茅台酒一出窖就羼上麦酒，外销的茅台一律用五十斤加釉的瓦缸装，外头用竹篾编成篓子，四周用稻草塞紧，外加草绳绑好，船运重庆分装陶罐再加标贴。酒分特级、甲级、乙级、普通四种。特级茅台一缸茅台加一缸烧酒，一缸兑三缸列为甲级，一缸兑四缸算是乙级，普通一缸兑五缸，装罐出售的，当年每罐卖大洋一元的，那就是一兑五的茅台酒，只能算还沾点茅台余香罢了。

"请想：照此情形，平津沪穗各地能喝到纯正的好茅台吗？既然茅台有真假，羼混土酒的成分又有高有低，那究竟怎样才能分辨出是真正茅台纯酒呢？拿味色香觉来说吧，纯正茅台只要一开罐，满屋子都洋溢着茅台酒特有的檀蘖味道；倒入酒杯，晶莹凝玉，清湛挂杯，让人有心旷神怡的舒畅；酒一进口，先是冷香绕舌，继而一股细润柔曼暖流直达脏腑，令人渊醇委婉，陶然欲醉。另外还有一样最大好处是酒后绝无烦渴，就是平素酒后不能进饮食的人，喝过茅台酒之后，也能胃口大开，加餐进饭。微醺薄醉也只是懒慵思睡，不致反胃灼心感觉。当年华联辉成义酒窖的珍藏，已经难觅难求，现在就是连荣和新窖的窖藏上品，不是和当地盐号主事或现官现管大军阀有交情，也是得之不易呢。

"华联辉经营川盐运黔，是贵州闻人唐发安（炯），引介给四川总督丁宝桢的。唐对盐政大计，改革运销，帮了华家很大的忙。所以成义每一个酒窖出酒，都要送两大坛子请唐弢老品鉴一番。唐、李两家世代姻娅，所以在遵义老家唐园，还存有不少纯真老窖茅台。将来我总要弄点真正老茅台，让老弟尝尝。"

这一顿饭吃了一个多时辰，我也等于上了一堂茅台新解的品酒课。加上他令弟云伯兄在旁添枝加叶的一敲边鼓，害得我馋涎三尺，可是听醪画饼，既不能止渴充饥，只有徒殷遐想，有一天能践后约，一解万斛的渴望罢了。

想不到民国二十年武汉大水之后，我与李氏兄弟恰巧又在武汉相逢，藻荪兄人王岳州统税查验所所长，云伯兄人王宜昌统税查验所所长，偏偏两处都是派在下监交。岳阳楼头，得偿夙愿，亲试醇醪。茅台酒的色香味觉四者，比起藻荪兄昔年描述酒的优点，尤有过之，绝无溢美之词。平原三日，兴尽而别。此后每遇好酒，就想起成义老窖茅台的湛香柔美、醇醪之思来。

最近嘉义酒厂在周新春厂长领导下，全体员工苦心孤诣，穷究精研之下，已有极品茅台问世。喜欢喝白酒的朋友，今后不愁没有好白酒喝啦。

话啤酒

啤酒又名麦酒，顾名思义，是用大麦酿造的。啤酒不是烈性酒类，而是介乎酒和饮料之间，既可健脾养胃，还能解渴却暑，就是多喝两杯，对身体也没有什么大碍。

啤酒的历史，可以说源远流长。依据外国史学家的考证，巴比伦人和埃及人早在六千年前，就懂得酿造啤酒。后来流传到希腊、罗马，再传到英国。美国虽然是啤酒消耗量的大国，可是一直到十八世纪德国移民至美国时，才正式酿造第一批啤酒。

埃及在雷米二世时，每年得用三万加仑啤酒祭神，当时埃及上流社会视啤酒为无上珍品，互相馈赠。并以"奉上啤酒用来敬奉您的先人"这句话，作为最礼貌的祝词。美国芝加哥大学校园里，到现在还保存着一块石碑，上面写着："三千五百年以前，在美索不达米亚大平原上，人们畅饮啤酒。"由此可见，啤酒是自古已有的一种酒类。

最早的啤酒，据说是用发酵过的大麦和麦芽混合物所酿成，称为"强麦酒""涨帽""法老王""史汀格""尼匹坦登"，这些酒在欧洲大陆统称啤酒。

十六世纪中叶，有位德国啤酒专家灵机一动，在啤酒里加点香料——"霍普"，通称"啤酒花"。一试之下，清醇味永，信心大增。先运到英国试销，在英国各地跟英格兰土制麦酒展开了非常激烈的竞争，结果加了啤酒花的啤酒大获全胜。一直到今天，世界各国的啤酒全都掺有啤酒花。一杯在握，立刻散珠喷雪，充满了缤纷馥郁的酒气，酒国君子还把这件事情赐以佳名，称之为"霍普战争"。

当年英国伊丽莎白王朝时代，啤酒分为两种，一种是双料酒，一种是单料酒。双料啤酒酒精度高，味道像威士忌，比较浓烈，最受瘾大的酒客欢迎。因此酗酒滋事，也就层出不穷，街头巷尾，每天尽是些醉醺醺的酒鬼。一般从事酿造业的人，又都重利视短，鉴于双料啤酒利润厚、销售快，索性停止酿造单料啤酒，集中全力酿造双料啤酒。当时是亨利三世时代，基于各地水源不够洁净，时常有疠疫发生，同时当时还没有汽水、咖啡之类饮料，曾经下令提倡，将单料啤酒作为日常饮料，变成一般平民解渴的恩物。因此，清淡的啤酒一旦停办，社会上立刻怨声四起。情势所逼，不得不下诏，勒令酿造业恢复造单料啤酒，才把一场啤酒风波弭平。

现在我们喝的啤酒，虽然没有单、双料之分，却有生、熟之别。只是生啤酒和熟啤酒有什么不同，好多喝了若干年啤酒的朋友，还是弄不清楚的。

酿造啤酒，水质必须明净甘冽，不能含有微生物、矿物质，可是净化得太厉害，又酿不出好酒。它的过程，是先把麦芽和糙米，用粉碎机磨成粉子，放到糖化锅里，加水加热，让它完全糖化后，送往过滤机，滤清渣滓。然后在纯洁的麦汁，加入啤酒花煮滚，抽出啤酒花的成分，再适度蒸煮，用分离机将啤酒花的糟粕滤干净之后，连同麦汁注入沉淀槽。所有澄清后的汁液送入冷却机，经过冷却作用，温度降到摄氏七度左右。再掺入适量的酵母，让它有二十四小时繁殖，导入特制的发酵桶。大约历时一周的发酵，就成了新酒。最后贮藏在零度以下冷窖的贮酒桶里，经过三个月的二度发酵，桶里的啤酒才算正式成熟。这种啤酒因为还没有经过杀菌手续，就是所谓生啤酒了。

　　这种生啤酒冷香适口，风味夐绝，可惜酒里含有野生酵母，虽然无损于饮者的健康，可是一经开桶，短时间就有混浊现象，不耐久存。所以出售的啤酒，在输入装酒机装瓶罐前，必须通过杀菌处理；大约要一小时，才能杀菌，再加严密检查装瓶、装罐出售，这才是市面上行销的熟啤酒。

啤酒是极富营养价值的饮料，除了糖分、消化蛋白质、矿物质外，所含的碳酸气和苦味质，还能促进消化。通常一大杯啤酒，所含的酒精只有四分之一盎司，据医学界化验，饭后一品脱半的啤酒，在人体内所发生的酒精作用，只等于一盎司威士忌酒，那真是微乎其微了。

前几年德国有位营养学专家佛郎士勒博士，在德国医学杂志发表研究报告说："一升啤酒的营养价值，相当于六十克面包中所含蛋白质量，或相当于一百五十克面包所含碳水化合物量。如果以它所产生的热量来说，相当于六十克奶油，六只鸡蛋，五百克土豆，一百克巧克力，或者是四百四十克瘦猪肉。"

日本医学界也认为，啤酒含有丰富的维

他命，可以供人体需要的大部分各种维他命。美国医学界说，啤酒对于有高血压的病人，有显著治疗作用，近来更发现有些轻微膀胱结石的人，只要尽量多喝啤酒，细小的结石，在排尿时会不知不觉从尿道排出体外。这些事例，在咱们中国也已经是屡见不鲜了。

喝啤酒的朋友，有人偏爱生啤酒，说是啤酒越新鲜越好，一开桶就有一种蓊勃酒香直透鼻关。啤酒一开瓶，头一口酒确实适口香醇，如果剩下半杯，歇一会儿再喝，不但香味尽失，而且后味苦中带涩，就是证明。爱喝熟啤酒的人则认为熟啤酒蕴存香气，浓郁悠远，是生啤酒中所没有的意境。所以英国诗人威廉傅汉日常以熟啤酒代茶或咖啡，可是生啤酒绝不沾唇。到现在生、熟啤酒谁优谁劣，始终没有定论，只有各从所好来评优劣吧。

台湾早先也制造黑啤酒，不过近年市面上买不到了。欧洲各国，对于黑啤酒的兴趣，仍旧极高，尤其英、德两国。英国有一种力夫牌啤酒，酒精度略高，颇受一般劳动分子欢迎。德国人啤酒消耗量大，举世闻名，男女老幼把啤酒当作饮料。他们有一种羊牌甜啤酒，每年入冬酿造，春天开桶，颜色比普通啤酒重，像琥珀般晶莹，特别淳厚香甜。酒不厌甜，只怕甜而不爽，羊牌啤酒确能让人有甘爽适口的味觉。据说这种甜啤酒也只有德国一个叫爱因贝克的地方才能酿造，酿造时间又限于冬季，所以产量不多。当年上海大来饭店的老板就是在爱因贝克出生，每年春天可以分到三两桶真正羊牌甜啤酒，运到上海来供应老主顾品尝。当年在上海精于饮馔的朋友，若不是识途老马，恐怕尝过这种啤酒的人也不多呢。

美国人酿造啤酒，为时很迟。可是啤酒在美国的社会地位，非仅根深蒂固，而且全年销售量，相当于其他饮料的四倍。除了当饮料外，甚至于洗头发、梳小辫、炖火腿都用得上啤酒。酿造业在美国既为主要生产事业之一，所以尽管起步落后，酿造技术精益求精反而后来居上。大凡说来，美国人对于品酒多半大而化之，没有英、法、德、意的啤酒专家来得精湛。听说英国、德国各有几种著名的啤酒，因为酿造地点不同，而酒的香味也就各异其味，他们到口一尝，立刻能够说出是何处酿造的产品，真是神乎其技。

啤酒和绍兴酒一样，对光线特别敏感，如果把啤酒桶放在太阳下晒上两小时，酒里产生一种令人难以忍耐的怪味。所以瓶装啤酒，都是用黑褐色瓶子，主要是怕日光直射，影响酒味。喝啤酒究竟是泡沫多好，还是泡沫少好呢？大体来讲，德国人多半喜欢泡沫多，美国人大致喜欢泡沫少。虽然有人说啤酒泡沫多少，与味道无关，可是在一个有粗壮把手、厚重镂花的玻璃杯，注满琥珀色的啤酒，杯上堆满雪白的酒花，边闻边喝，一种灵性融合的意境，不是个中人，岂能体会到这种酒中的乐趣?

喝啤酒的酒杯应该多大? 一般来说, 一杯酒换两口气来喝光最合理想。太小似乎不够劲, 太大又嫌换气多, 泡沫全化为乌有啦。德国人喜爱用大杯喝个痛快, 美国人喝啤酒所用的酒杯全不太大。近几年又出新花样, 改用有脚的玻璃杯了。因为啤酒冰冻冷度高, 带脚的杯子, 可以避免杯底的湿气水分沾湿了桌巾, 其实杯子有脚没有脚, 对于酒的品质是没有影响的, 改用带脚杯, 也不过是摆摆排场而已。

有的人撕开酒罐盖子就喝, 有的人打开瓶盖, 一仰脖就是半瓶下肚。这在懂得享受的人来看, 简直糟蹋酒。他们认为啤酒最令人陶醉的, 就是它的幽香气体, 这种气体一定要酒注杯中, 才会喷出泡沫, 变成氤氲诱人、如梦如幻的妙香。嘴对瓶口鲸吸牛饮, 气塞喉头令人窒息不说, 所有啤酒由泡沫蕴发的酒香全部糊里糊涂下肚, 委实大煞风景。

喝啤酒的朋友奇想怪论特别的多，有人说，酒里放一小撮食盐，可以增加酒的浓冽。也有人说，撒两粒干花椒，酒的味道能够更冲和些。更奇怪的是啤酒里放上一点香烟灰，味道更清醇，要是放点荷兰烟尤妙，真是荒谬。

至于喝多了啤酒，身体是否会发胖、影响健康？事实上啤酒所含水分，在百分之八十八到九十二之间，此外就是碳气，所以一瓶下肚，立刻觉得肚子撑得胀胀的。其实一盎司啤酒只有九十五卡路里的热量，恰好和一杯橘子汁的热量相等，怎么会让人发胖呢？

有段啤酒的小故事，鲜为人知。

抗战之前，北平双合盛酒厂出产的五星啤酒，驰名中外。"七七事变"发生、日军侵占平津，他们平素只知道太阳、樱花、麒麟等牌啤酒，从来没有喝过像五星牌的好酒。一尝之后，两个月不到，就把厂里储存一年的销售量喝得清洁溜溜，勒令该厂加工赶制。

玉泉山的泉水潺潺，供应无缺，独缺酿酒主要原料啤酒花——是从德国进口的。无计可施，双合盛经理邹寅生灵机一动，弄来一麻袋槐花，蒸馏出来的水，颜色是绿莹莹，味道是苦涩涩的，且把槐花充作啤酒花。啤酒出厂，居然照样畅销，把日本军阀蒙混过去。

　　光复之后到台湾，当时台北只有一个酒厂酿制啤酒，啤酒供应不上，也是采用槐花代替。台北槐树不多，就是槐花也时有匮乏，逼得用干菊花来顶替。用了两三年，直到买进德国的啤酒花才恢复正常。喜欢喝啤酒的朋友，做梦都想不到，当年台湾啤酒曾经用槐花、菊花作为啤酒花的代用品吧？

啤酒哜啜谭

　　什么酒类都越陈越香，只有啤酒和日本清酒例外——越新鲜越适口。啤酒是什么时代，由哪位仁兄发明的，遍查各国酒史，都是其说各异，莫衷一是。依据酒徒们考证，远在耶稣降生四千多年以前就有啤酒了。古代巴比伦的勇士，条顿族战将，在古诗歌里，描写他们赤帻铜冠，金钺玉斧，还忘不了把着满觥啤酒，鲸吸牛饮的狂态。埃及女王用新鲜啤酒来净面化妆，都是后世所艳称事迹。

　　近一世纪来，啤酒在欧美已经是日常生活中最普遍的饮品，事实上叫它酒，还不如叫它饮料来得恰当。去年美国有一本杂志发表过，统计世界各国饮啤酒的国家，德国人得了冠军，比利时亚军，美国和日本一向都自命是啤酒消费量最多的国家，结果第三名却让捷克人给抢了去，前三名美、日两国谁都没有挨上边儿。至于法、意两国，虽然都是以豪饮善酿驰名国际，但因为他们所嗜的，是属于红白葡萄酒类，所以在啤酒竞赛里，就都落后榜上无名了。

酿造啤酒的主要原料是大麦，经过选麦、浸麦、发芽、烘干各个过程，制出麦芽，其中含有多种酵素，可以把麦芽和米里所含淀粉化成糖，分解了蛋白质作用，才能成为色香味俱全的上等啤酒。

啤酒所用原料大麦，以欧洲、澳洲为佳，美洲、亚洲所产大麦拿来酿造啤酒，拿风味来说就稍逊一筹了，所以台湾酿造啤酒的原料大麦，都是从澳洲进口的。啤酒的另一种主要原料是大米，在台湾用蓬莱米，当年北平双合盛"五星啤酒"所用大米是京西特产玉田稻，据双合盛主持人邹寅生说："'五星啤酒'，当年在华北不但把日本'太阳啤酒'打垮，就是'青岛啤酒''上海啤酒'也不敢跟'五星啤酒'抗衡。其中玉泉山的水跟玉田稻，都是提高'五星啤酒'色香味的因素。"足证大米的品质对于酿造啤酒的风味是有着相当关联的。我们喝惯了台湾啤酒，有时喝一罐美国啤酒，总觉得不太对劲，这跟啤酒所用的米质、比例都有很微妙的关系呢！

酿造啤酒更少不了的是啤酒花，它是一种多年生的植物，在欧洲及美国仅有极少数寒冷地带，还得是向阳山区才有上等啤酒花生产。所以酿制啤酒最贵的原料就是啤酒花，以时值论，每公斤约在五百至六百美元之间。当年东北的锦州、山西的五台、河南的许昌，都曾用种种方法培育试种，可惜全都没能成功。有一年北平双合盛啤酒厂因为海运发生故障，啤酒花接济不上，幸亏北平有的是洋槐，公然拿啤酒花、槐花、三七掺用，虽然后味苦中微涩，居然也能抵挡一阵，救了大急。本省前些年曾在中部地区计划栽培，试种多次，大概土壤、气温、湿度均不适宜，虽然也能开花，可是淡而无味，缺少应有的香味，只得放弃试种，所以本省现在酿造啤酒所用的啤酒花，仍然非使用舶来品不可。

啤酒已从酒类推广为社会大众的普及饮料，因此世界各国都纷纷制造生熟啤酒，据说仅仅欧洲地区，就有一百六十五种厂牌的啤酒在各地行销。笔者当年在大陆除了国产的五星、青岛、上海等牌啤酒外，其他国家的如丹麦、德国、荷兰、芬兰、法国、英国、美国、泰国、新加坡、日本的都曾品尝过，还有就是现在日常喝的台湾省产啤酒。

啤酒的口味，以我个人味觉来说，欧洲以丹麦、德国的最好，尤其是他们的黑啤酒，芳蕤馥郁，沫拥柔香，味嗅俱畅，非有高段饮者不能体会出个中意境呢！

抗战之前，上海静安寺路靠近犹太富商

哈同的爱俪园附近，有两家德国人开的酒馆，一家"来喜"，一家"大来"。一开始他们两家专卖德国进口的啤酒，因为酒客日多，又添上丹麦的黑啤酒兼卖冷餐。笔者当时住在静安寺路的沧州饭店，有客来访，总是约在来喜或是大来，喝点啤酒聊聊天。这两家老板都是秃顶矮胖子，在德国各有一家啤酒厂，他们的啤酒是用木质啤酒桶装运来的。笔者因常去的关系，彼此又都是雪茄同好，而品评雪茄的水平也不相上下，渐渐成了烟侣又兼酒友，所以他们就把怎样鉴定啤酒优劣，怎样喝法才能领略啤酒的个中真味告诉了在下。

啤酒的优劣，大致来说，以略苦爽口方臻上品，入口味浓厚涩就难膺上选了。有一种极简便检验啤酒的方法，拿一杯将倒满的啤酒，把一根火柴棍插在泡沫当中，火柴棍能在泡沫里挺立不倒，就是上等啤酒，竖的时间越长品质越高。不过这个方法只可行之于酒馆饭店，如果您是到啤酒酿造厂品尝处方新产品，这样做是很不礼貌的行为，千万记住。

喝啤酒讲究甚多，没有开瓶开罐的啤酒或桶装生啤酒，最好存放在黑暗通风、不受日光照射的场所。无论容器用瓶、罐、桶，开口一定向上，若倒放横放，尽管酒不外溢，将来酒的香味差不说，而且色泽也欠晶莹。

喝啤酒无论冬夏，都应当冷冻过，如果胃寒怕冷，那干脆喝别种酒类，喝温吞水似的啤酒，酒香全无，岂不是糟蹋粮食吗？所喝啤酒的温度，有人认为夏天摄氏六至八度，冬天十至十五度为适当。以笔者个人爱好来说，在东南亚地区，如泰国的曼谷、菲律宾的马尼拉，盛暑时期啤酒要冰到二至四度之间，冷香盈颊，沁人心脾，才能品出个中真滋味，最为合适。这是见仁见智与个人爱好，不能勉强的。

喝桶装生啤酒要请酒厂技术人员操作，

当然他们有一套固定程序手法，我们姑且不谈。至于罐装、瓶装生啤酒，开罐、开瓶也是各有各的小手法，不然啤酒泡沫喷射四溢，酒量、酒质同蒙损失，那就太可惜了。罐装啤酒开罐之前，应当先用手帕盖在罐上，然后再把罐环拉开，否则酒一喷射，泡沫时常溅得满脸，非常尴尬。有人开瓶装啤酒，喜欢先用开罐器在瓶盖上敲打两下，说放放气泡可以减小激射力量，殊不知二氧化碳一旦外逸，啤酒芳香也随之散失。其实防止啤酒喷射，只要在开瓶之前，先把酒瓶略微倾斜一点，就不致有大量泡沫喷溢了。所以主人开瓶敬酒，别的酒类都可以用杯子来接，只有啤酒，应当把啤酒杯递给主人，由主人倒满再接过来，就是这个道理。

现在台湾各饭店酒楼所用的男女侍应生，都自夸受过严格训练，其实如何倒啤酒也没学会。第一，倒酒时瓶口要靠近酒杯，可不能碰着酒杯，杯里啤酒跟泡沫应当是酒七泡三的比例。第二，酒杯里啤酒未喝完，不可以往里续新酒。未完就续这个毛病非常普遍，可惜饭店里监堂管理员从来没有人上前纠正过。

西洋人喝什么样的酒，用哪种形式的酒杯，是极有道理的，杯的容量、杯口宽窄、杯的深度、玻璃厚薄，在在都与酒质酒香有莫大关系。应酬场合所用啤酒杯，杯子要小，玻璃薄点无妨，这种啜饮不是一干而尽，倒出的啤酒如果在杯中停留稍久，泡沫消失，苦水一杯，赏心乐事反而变成苦事，岂不大煞风景。三五知己斗酒争胜以厚重玻璃大杯为宜，泡沫堆花，其白胜雪，边饮边嗅，啜香咽甘，逸兴遄飞，才能领会到喝酒的真谛。喝酒最怕油腥，喝啤酒的酒杯，一定要特别洁净，洗后的酒杯，忌用巾布擦拭，最好把酒杯倒扣，让它自然阴干。喝啤酒之前，要把啤酒杯先行冰冷，酒冷杯凉，啤酒的芳香才能全部发挥，如果酒冷杯温，不但啤酒容易混浊，而且啤酒的柔香容易冲淡。

喝啤酒的时候，应将上下嘴唇擦拭一下，然后上唇交接啤酒，人中挡住泡沫，把啤酒喝干，泡沫仍留杯里，酒香才不外溢。同时喝啤酒要痛痛快快，倾杯而饮，如浅尝辄止，细玩其味来喝啤酒，其结果只是苦涩肚胀而已。以上这些都是两位酒老板饮者之言，细心体会，的确颇有道理存乎其间，这些年照他们二位说的来做，真正获得不少酒中之趣呢！

上月份美国《新闻周刊》刊载，海德堡癌症研究中心的化验人员发现，欧洲各国产制的啤酒中，有百分之八十以上含有亚硝胺。这一个报告，立刻引起德国、英国卫生当局的重视，而一般比较敏感的啤酒老主顾，也惶惶不可终日。其实啤酒所含亚硝胺的成分非常轻微，以年人均消耗啤酒量最高的德国巴伐利亚区住民的年人均五十多加仑来计算，要喝二十多万年的啤酒，才有一茶匙的亚硝胺，实在微不足道。

　　春回大地，一眨眼又到了喝啤酒的季节了。以笔者多年喝啤酒的经验，适量喝啤酒，不但能降低血压、促进睡眠，还能增加小便中盐的排泄，帮助体内盐的含量平衡，对于肾脏、心脏都是直接间接有相当助益的，有好的啤酒您尽管放心喝吧！

濺雪堆花话啤酒

凉飙早劲，已透冬寒。台湾虽然用不着推炉取暖，但是生上一只红泥小火炉，吃吃沙茶火锅，或是涮点羊肉片，开一瓶五加皮或是茅台、大曲一类白酒小酌一番，酒中之趣，只能对知者言，可是不能为外人道的。

笔者当年在大陆，因为职务上的关系，就是隆冬白雪，也是照喝冰啤酒，除非吃涮锅子才喝烈性的白酒呢！当年国内设厂制造的啤酒，属机制酒类，是我主管业务，必须经过我的品尝，才能核准应市。以我多年品尝啤酒的经验，我认为国产啤酒的风味，上海啤酒没有青岛啤酒平顺，青岛啤酒比起双合盛的五星啤酒来，又稍逊一筹。一般喝啤酒的朋友，也同意我下的结论（听说现在大陆啤酒也销售到东南亚各地，上海、青岛啤酒都有，就是没有双合盛的五星啤酒）。

双合盛是山东人张廷阁跟同乡合伙创办的。因为产品优良，年年扩充设备，可是生产量却永远赶不上消费量。五星啤酒妙在色如琥珀，澄霁清明，酒味芳冽。尤其出色的是泡沫翻涌、溅雪堆花，持久不散程度，能跟德国昂斯立哥儿啤酒厂的产品媲美。北平老画师金北楼的哲嗣潜庵兄，对于啤酒品质的优劣鉴赏甚精，他说："五星啤酒嗜啤者喝了能够过瘾，量浅者微饮浅尝，也不致陶然醺醉。"

日本侵华一贯的伎俩是商战居先，他们的贸易商常常不可一世地说："中国大陆无论多么荒僻的城镇，连鸡蛋挂面都没得卖，可是日本的味之素、翘胡子仁丹、美女牌中将汤、太阳牌啤酒永远供应无缺。"我在山西朔县一个镇店上偶然间感冒，想吃一碗挂面卧鸡蛋，杂货铺居然缺货，可是大包小包仁丹样样俱全，太阳啤酒摆满一格货架子，足证人家说的话，的确不是吹牛呢！

在宋哲元主持"冀察政务委员会"时期，日本产品大量源源输来华北。就拿啤酒来说，太阳、麒麟、樱花、富士足足有七八种之多。当时大部分人，口虽不言，可是对于日本人总有一种激愤仇恨心理，除非万不得已，谁也不愿意购买日货。凡是从日本进口日制啤酒，一律杯葛。纵或有极少部分媚日分子，以用日货为荣，可是日本啤酒讲品质风味，实在远不如五星啤酒，因此就是一般媚日分子对于日本啤酒，也是兴趣缺缺。只有东交民巷日本兵营，东单牌楼日本侨民聚居所在，以及日本人开的舞厅、酒馆，才有日本啤酒出售。有一个时期，日本啤酒商甚至雇一些流浪汉，摇旗呐喊沿街叫卖，狂廉甩卖，买二送一，大家还是望望然而去之。梁均默

（寒操）先生生前说过："日本人推销药品技术最高超，中将汤、仁丹他们有本事钻天入地，无远弗届全力去展拓。只有他们的太阳啤酒，在中国无论城市乡村始终打不开市场，结果铩羽而归，足证我们的五星啤酒是经得起考验的。"

台湾因为经济发展过分快速，省产啤酒无论怎样增加制酒设备，扩充生产能力，甚至于辟建新厂，总是赶不上大众的需要。在缓不济急的情形之下，只好进口啤酒，以救燃眉。不料历年进口美国啤酒，无论瓶装、罐装，一直都不受省内啤酒客的欢迎。到底其故安在？

去年我到美国探亲，住了一个多月，因为时间从容，美国出产的不同牌子啤酒，大概尝了有几十种之多。其中有一种黑啤酒，浓淡香味跟台湾啤酒极为近似。一般啤酒，酒味都还清醇，只是后味发涩，尤其罐装啤酒比瓶装的滋味更差。有人说："美国人是拿啤酒当饮料，酒精度比较低，所以我们喝起来味道嫌淡，有不过瘾的感觉。"不过据我所知，台湾啤酒的酒精度是在 3.55% ～ 3.70% 之间，美国啤酒是 3.57% ～ 3.98% 之间，至于新加坡、菲律宾的啤酒所含酒精度，甚至超过 4.02%。照以上情形看来，舶来啤酒所含酒精度，比省产啤酒都高，显然喝进口啤酒过瘾不过瘾，不是酒精度高低的问题了。

当年北平双合盛啤酒厂的老板跟我说过，啤酒风味品质优劣，是根据啤酒中的丹宁酸含量多寡，还有苦味度多寡而定。五星啤酒中的丹宁酸高达 150 ～ 170，苦味度 14% ～ 24%（省产啤酒这两种成分的多寡，手边无此资料，不敢乱说）。是不是这个原因，我只会品酒，不会分析化验，那只有请教制造啤酒的专家们来解答了。

我在泰国喝过四种啤酒：一、Amarit(甘露)；二、Singha(白狮)；三、Kloster（柯士德），四、Dagak（虎牌）。这些啤酒都是各啤酒厂，礼聘德国技师来泰驻厂监制的。甘露酒前几年并且在欧洲举行的全世界各国啤酒比赛大会上得过金牌奖。以我个人品尝经验，泰国虎牌啤酒跟台湾啤酒风味品质，最为接近。同时他们餐厅、酒馆男女侍应生，对于伺候客人喝酒，似乎都受过严格训练。啤酒杯只只擦得晶莹透明，没有一点油渍水星。他们知道玻璃杯上只要沾上一点油污，就影响啤酒的香味跟泡沫的发展。他们不怕麻烦，懂得给客人上啤酒，总是等他们喝完了第一瓶，才从冰柜里拿第二瓶，现开现喝，泡沫云拥，香气蕴存。不像台湾餐厅一些侍者，为了减少他们奔走之劳，一拿就是半打，装在六格一只的铁架子上，如果客人不是鲸吸牛饮，等喝到最后一瓶，已经是即之微温，开瓶之后，发不出多少泡沫，当然酒香更是荡然无存了。同时现在台湾的自来水，还不能完全生饮，冰厂做出来的角冰，放在啤酒里去，实在不安全。我常常在想，一瓶啤酒公定价格只有三十多台币，而饭馆餐厅总要卖上六七十台币，甚至超过此数，多跑两趟冰柜，让客人喝点凉润沁脾的酒，似乎也不算苛求吧！

根据财经专家们的预测，明年度经济复苏，即可渐露曙光。在新建啤酒厂尚未开始生产以前，明年入夏之后，省产啤酒的供应量，恐怕仍有不足。如果尚需进口啤酒稍充供应，不妨进口一批泰国啤酒试销一番，我想或者能受消费大众的欢迎吧！

为"人肝醒酒汤"敬复仙翁先生

　　《中国时报》"人间"副刊的"欲盖弥彰集",开张骏发第一章,仙翁《中西剐人术》大作里,提到一拨强盗要吃人肝醒酒汤。承仙翁先生不弃,问咱人肝醒酒汤的做法,顺手还给咱戴上一顶帽子,说咱也许还知道哪家山寨做得最好。咱看完这篇文章,真是一则以喜,一则以惧。喜的是咱这个"馋人"可真出了名啦,连吃人肝醒酒汤都有人想到区区,岂不是一喜?惧的是清平世界朗朗乾坤,没事跟滚马强盗打交道,给你来个勾结江洋大盗的罪名,已经是吃不了兜着走啦;更何况在强盗圈子里,还到处串门子,品评谁家人肝醒酒汤好，谁家的不及格，您说咱有几个脑袋呀，岂不是一惧？好在咱跟二狼山既不沾亲，跟青风寨又不带故，而且去古已远，人证、物证两者均无，也就用不着提心吊胆，担心害怕啦！

仙翁先生说，人肝醒酒汤，人心一汆就得吃个脆劲儿，咱没吃过，可不敢乱盖一通，所谓吃个脆劲儿，您要是没尝过鲜，猜想也是想当然耳。不过鲁豫一带的饭馆遇到客人酩酊大醉，总是做一碗鲜鱼醋椒汤来给客人醒酒，这跟人肝醒酒大概作用是差不离儿的。真正醒酒的是借那股子酸劲儿，人肝、鲜鱼都不过是配搭罢了。

谈到喝酒醉后喝醒酒汤、吃解酒药，《饮膳正要》曾经说过，原文咱已经背不出，不过大意是说：喝酒千万别过量，可是也得喝到微醺才够味儿，要是喝醉了，拿醒酒汤、解酒药胡那么一折腾，那岂不是大煞风景了吗？真正烂醉如泥，什么汤，什么药，都不会有立竿见影的效果的，最好是别醉。由此看来大王爷大半都是大碗喝酒，大块吃肉，豪放不羁的汉子，要醉也是烂醉如泥，能够让喽啰们佘碗人肝醒酒汤来解酒，那是没醉装醉，逞逞威风耍耍摽劲而已。

咱在年轻的时候，确实是个燕市酒徒，每到酒酣耳热的时候，吃葱吃蒜不吃姜，一下子勒不住缰绳，闹个不醉无归的时候倒也不少。咱有一部孙思邈的抄本《千金翼方》精髓，其中有几种千杯不醉的丹方，还有一杯倒、醍醐乐等秘方。卖人肉包子的黑店，所谓海海的迷字儿（蒙汗药酒的江湖黑话）可能就是《千金翼方》里抄下来的。咱对那些丹方虽然颇有兴趣，可是确没有胆量来尝试。终因醉酒的次数多了，让咱悟出一个门道来，就是算定今天的应酬是闹酒的场面，事前先来一碗鸡蛋炒饭，最好再来上两块五花三层红焖肉。等斗起酒来，至少比平常酒量加上两三成。这个方法既简便，又不伤身体，而且还没副作用。特别碰到急性子一上冷盘就先干三大杯，等上头菜舌头已经半截的朋友，尤著特效。

咱有位老长官，虽然是北方人，可是在台北，可列入喝绍兴酒的一级高手，从来没看他老人家醉过。有一天他在无意中泄露了喝酒不醉的秘密，他说无论如何别喝空心酒，在赌酒之前，一定要填补一下肚子，然后吞下十几二十粒健素，因为健素的成分以酵素居多，酵素最能吸取酒精成分，所以喝酒就不容易醉啦。

仙翁先生您说这种未雨绸缪的办法，岂不是比亡羊补牢的醒酒汤要略高一筹吗？可有一样您得记住，喝酒吃健素，仅限于黄酒绍兴一类的酿造酒，你要是吃健素喝的是茅台、大曲、老白干，或者是威士忌、白兰地一类的烈性洋酒，咱们话可是说在前头，管一送不管来回，您要是喇嘛（喝醉）了，可别说咱骗人不够朋友。最后再告诉您一个秘诀，真喝醉了，您来一小碗高醋，也能提早醒酒。在大陆时候，在北方喝山西高醋，在南方喝镇江米醋，台湾两者均无，您来上一碗东引香醋，效果也不错。

谈喝茶

现在正在大力倡导喝茶运动，说喝茶既能帮助消化，又能增加营养，不但有助于茶叶的开拓，且可省下若干买咖啡的外汇，一举数得，何乐而不为。

敝人对于喝茶可以说得风气之先，打从束发授书，就鄙白开水而不喝。所以每天上书房念书，书童就先把茶叶放在小茶壶里，用开水沏好闷着，等上完生书，茶叶也闷出味儿来啦，不冷不热正可口。所以不但养成喝茶的习惯，而且养成了喝酽茶的本事。假如今天晚饭吃得有点儿油腻了，来上两碗又热又酽的浓茶，不但消食化痰，到晚上脑袋一沾枕头照样呼呼大睡，绝对不会两眼瞪着帐顶数绵羊。敝人虽有卢仝之癖，可是对于日本茶道觉得过分严肃，失去一个"逸"字。咱们粤闽一带的功夫茶，好则好矣，可是又觉得太麻烦，所以我对于茶敢说喝，不敢谈品。因为爱喝茶的缘故，倒也喝了几次难得的好茶。

四川藏园老人傅增湘，在北平算是藏书最多的珍本版本鉴定专家了，恰巧我买了一部明版的《性理大全》，请他去鉴定，他愣说是清朝版本仿刻。我这部书是琉璃厂来熏阁刚买的，于是打电话让来熏阁老板来傅宅研究研究，结果校对出我这部书有明成祖一篇大字序文，确定是明刻原版，一点也不假。反倒是傅老收藏的一部书真序假，算是残本。藏书家岂能收藏残本？我因为买这本书是研究学问，真假版本对我来说都是毫无所谓，于是就把这部书跟傅老换，傅老大喜之下，约定三天之后在他家喝下午茶。

到期我准时前往，他已经把茶具准备妥当，宜兴陶壶，一壶三盅，比平常所见约大一倍。炭炉上正在烧着水，书童说，壶里的水是早上才从玉泉山"天下第一泉"汲来的。傅老已拿出核桃大小颜色元黑的茶焦一块，据说这是他家藏的一块普洱茶，原先有海碗大小，现在仅仅剩下一半多了。这是他先世在云南做官时一位上司送的，大概茶龄已在百岁开外。据傅沅老说，西南出产的茗茶，沱茶、普洱都能久藏，可是沱茶存过五十年就风化，只有普洱，如果不受潮气，反而可以久存，愈久愈香。等到沏好倒在杯子里，颜色紫红，潋滟可爱，闻闻并没有香味，可是喝到嘴里不涩不苦，有一股醇正的茶香，久久不散。喝了这次好茶，才知道什么是香留舌本，这算第一次喝到的好茶。

还有一次在扬州，跟几个朋友逛徐园小金山，最后到了平山堂，因为没有坐船，大家是骑驴而往，所以到了平山堂人人觉得口干舌燥。同去的有位吴孝丽，是扬州出名研究陆羽《茶经》的专家，人家有一套茶具，连汲取泉水的竹吊子都齐全。同游的时候看他肩上背了一只锦囊，此时打开一看，是一只双套盖的小锡罐，用竹勺取出不到一两茶叶。看样子，论叶形大小舒卷的情形，也就是雨前所采，而特别的是每片茶叶都隐泛白光，馨逸幽馥，馥而不烈。没喝到嘴，倒也看不出这茶叶有什么出奇的地方，等到闷好了往杯子里倒，酌满过杯口，茶水还不外溢，那是证明平山堂"天下第二泉"的泉水果然名不虚传。等茶一进口，一缕说不出的似淡实浓的香味，直透心脾，可以说这种茶香，有生以来未曾得尝。据孝丽说：这种茶产自四川高山峭壁，人难攀登，茶是猴子爬上去采的，所以叫作猴茶。他的舅兄在川经营茶叶，知道他讲究喝茶，所以三五年回趟家，就带个二三两猴茶送他。这种茶在前清向来列为珍贵贡品，每年由四川总督岁时进贡，只能论两，不能论斤进呈。这种茶不但能够克滞消水，而且功能明目清脾，这是我第二次喝到的好茶。

　　第三次喝好茶是在汉口汉润里方颖初家。他存有极品黄山云雾茶，尽管听说他有好茶，可是朋友们谁也没喝过。有一天星期例假休息，笔者清早到他家聊天，打算约他吃中饭看电影。他说中法储蓄会昨天开奖，我们先对对，如果运气好，也许能够中个千把块钱。不料一对号码，他猛不丁地跳起来了，他那份储蓄单不但中奖，而且是一万元的特奖。在民国二十来年的时候，一万元可不是一个小数目，不但他欢欣若狂，我也跟着高兴，两个人门也不出了，让大吉春送几个菜来吃饭。按说中特奖应该喝点酒才够意思，可是他说："饭后我要请你喝点好茶，所以咱们吃饭不喝酒，一喝酒，待会儿就喝不出茶的滋味了。"他家是安徽省有名的大茶商，自然有精巧的茶具。等茶沏好斟到盅里，他不让我喝，让我先看，也不知道是水蒸气还是云雾，在盅上七八寸的地方飘忽了好久才散开，再斟第二盅，仍旧是雾气迷蒙的，所谓真正云雾茶，敝人算是大开眼界了。等两盅茶喝完，他把壶盖打开，指给我看，差不多有三分之一茶叶，仍然卷而未舒，根根挺立，我想这就是所谓"几旗几枪"了。茶进嘴有点儿苦苦的，可是后味又香又甜。我所喝过的好茶，算起来可能以此为最啦。

来到台湾二十年，我就是喝最上等的双熏茉莉香片，喝到嘴里总觉得不大对劲。台湾各公私机关，有的开会讲究用咖啡，但远不如香喷喷的茶好。

喝 茶

自从台湾大力倡导喝茶以来，每年都举行各种品茶会，极品冻顶乌龙一斤要卖到几万台币，研究茶艺的茶馆越开越多，茶叶店橱窗里陈列的茶具，陶瓯瓷碗，赢镂雕琢，令人目迷，一时风尚甚至于年轻人都喝起功夫茶、老人茶来。这里我所谈的只是当年过着悠闲生活的人，平常喝茶的情形而已。

北平人有句俗话"早茶、晚酒、饭后烟，快乐似神仙"。本省朋友见面喜欢说"吃饱没有"。大陆朋友清早一见面，喜欢问您"喝了茶没有"，足证北方人对喝茶是如何的重视。茶瘾大的人早上一睁眼，盥漱之后出门遛完弯儿，直奔自己常去的茶馆，等茶沏好闷透，好好地喝上两碗热而且酽的茶，所谓冲开龙沟，才能谈到吃早点呢！北平人喝茶所用茶叶，以香片、毛尖为主，天津人讲究喝大方雨前，安徽人专喝祁门瓜片，江浙人离不开龙井、水仙、碧螺春，西南各省喝惯了普洱、沱茶，再喝别的茶总觉得不够醇厚挡口。民俗专家张望溪先生说："到茶馆只看客人叫什么茶，就能猜出他是哪一省人来，虽非十拿九稳，大概也有个八九不离十。"笔者虽无卢仝、陆羽之癖，可是对于茶叶的种类，到口一尝，能够分得十分清楚。扬州有个富春花局实际以卖点心出名，老板陈步云请我尝尝他的茶，我连喝两碗，也没喝出所以然来；他家的茶以初喝不涩、久泡不淡驰名苏北，敢情他的茶，是十多种不同茶叶兑出来，非清非红，郁郁菲菲，就难怪人猜不出来了。

北平宣外有个天兴居大茶馆，也是西南城遛鸟儿朋友早晨的集散地，他家有一种物美价廉的茶叶叫"高末儿"，不是天天去的遛弯儿常客他还不卖的。据说他们东家恒星五跟前门外吴德泰茶叶庄的铺东是磕头把兄弟，有一年吴德泰清仓底，扫出几箩茶叶末，正赶上恒四爷在柜上闲坐聊天，一闻挺香就要了一大包回来，用开水泡了一小壶来喝，醇厚微涩，香留舌本，因为高末儿里有极品的茶叶末在内。吴德泰高级香片卖得多，所以他家的高末儿也特别馥。从此每天到天兴居喝早茶的客人们，知道这个秘密，谁都不带茶叶，换喝柜上的高末儿了。

后来早晨遛早儿的朋友，知道这个秘密，到吴德泰买高末儿回家沏着喝，仿佛就没有在天兴居喝的够味，是否心理作祟，还是天兴居另有奥妙，就无从索解了。喝茶固然讲究好茶叶，可是茶沏得不好，可能把好茶叶都糟蹋了。就拿高末儿来说吧，水要滚后落开，开水壶要离茶壶近点注水，不能愣砸，叶子要多闷闷再往外倒，否则末子飘满茶杯，茶香固然随着茶末飞了，呈现热汤子味，续第二次水，茶就淡淡如也啦。

北方人喝茶的，日常是先沏一壶多放茶叶让它浓而且酽的茶卤，想喝茶时，茶杯里先倒上三分之一茶卤，然后加热水，则茶香蕴存，永远保持茶的芳馨。有些不会沏茶的人，客人来了，抓一把茶叶往玻璃杯里一放，开水一沏，十之八九茶叶漂在上面，想喝一口，不是喝得满嘴茶叶，就是烫了舌头，再不然浓酽苦涩难以下喉，可是续过一两次开水后，又变成白水窦章啦！所以在平津到人家做客，茶一端上来，主人家世如何，从端出的茶中看，就可以看出个八九啦。

北平四川茶馆的形形色色

　　喝茶好像是中国人的特嗜，无论南北大小省份都有茶馆，三教九流人人都爱喝茶，除了苏浙皖粤的茶馆以卖点心为主、卖茶为辅，另说另讲之外，谈到纯卖茶的茶馆，恐怕以北平、四川两地的茶馆最为多彩多姿啦！

　　北平大小的清茶馆，大街小巷都有，各有各的主道。这路茶馆天不亮就挑开灶火，烧上开水了。第一拨是寅末卯初遛早儿的，以年纪来说，大概都是花甲左右，腰杆挺直、步履轻健的老人；他们把腰腿遛开了，就直奔茶馆。这种老主顾自备茶壶、茶叶，毛巾、牙刷都存在柜上，一进门伙计先打洗脸水，等盥漱已毕，茶也闷得差不多啦，一边喝着茶，一边找熟客聊聊天，茶过三巡，让酽茶涮的肚子觉着有点发空啦，这才信步回家吃早点去。这算茶馆最基本茶客。

第二拨是遛鸟儿的，要天蒙蒙亮才出门。像红蓝靛颏、白翎，比较娇嫩一点会哨的鸟，既怕夜雾太重，又怕晨雾太浓，总要耗到晨光熹微，才敢换笼架慢慢往外蹓跶。勤快的人，早把笼子清洗干净，铜活擦得锃亮，换上食水，一进茶馆往罩栅底下一挂，各归各类，您就听它们一套跟一套歌唱比赛吧！如果您的鸟有脏口，那就别不识相跟人家清口鸟放在一块，赶紧挪得远一点，别让它把别人的鸟教坏了。从前有一个拉房纤儿的，是抗肩儿（抗肩儿是北平特有的行业，他们用一块宽木板给人搬运掸瓶、帽镜、玻璃摆设等不经磕碰的物件，或新娘嫁妆等）的出身，后来改行，脖梗子磨来蹭去长了两个大肉包，很像骆驼的驼峰，所以大家都叫他傻骆驼。

他改做拉房纤儿生意后很得法，所以也假充斯文、喂鸟、养鸟、闻鼻烟、揉核桃，摆起谱儿来。因为他出身不高，满嘴匪话总也改不了，他的鸟儿受他耳濡目染，嘴还能干净得了吗？所以他把鸟笼往茶馆架子上一挂，不想惹事的人，只有纷纷摘下鸟笼子，赶紧远远避开。平素爱走香、会耍中幡的宝三，一向也是一点亏不吃的粗鲁汉子，有一天也拎了个鸟笼子到茶馆来喝茶，两雄相遇，双方鸟儿哨来哨去的结果，都露出脏口；彼此互指对方鸟儿把自己鸟儿带坏，越说越拧，动起手来。傻骆驼虽然有把子蛮力，如何是宝三真正练家子的对手？三招两式，一个德克勒（摔跤的招式），就把傻骆驼撂在地上，而且动弹不得。幸亏当时侦缉队队长马毓林打此经过，他跟双方都有个认识，才化解了这场龙争虎斗的纠纷。遛鸟儿的茶客能引来不少同好，也颇受茶馆欢迎。

　　第三拨就是一般耍手艺的，名为来喝早

茶，实际是等工作，譬如厨师、棚匠。某人应下一宗大生意，可是人手不足，各行各业都有他们固定聚会的茶馆，只要到茶馆一招呼，问题迎刃而解。北平有句土话"到口子上找跑大棚子准没错"，就是到指定茶馆找这班手艺人。

另外一种是说媒拉纤、买卖房地产写字过契、好管闲事说合官司一类人等。虽然一来一大帮多下茶钱，多给小费，可是一耗一整天，有时候说岔了，翻桌子、踹凳子、飞茶壶、掷茶碗，虽然事后照赔，可就把生意耽误了，所以茶馆并不十分欢迎这路客人。

有些茶馆，为了招揽茶客，聘请一档子说评书先生来拴住茶座。在北平开茶馆的跟说评书的先生都有个不错，十之八九，是磕过头的把兄弟，否则岁尾年头好日子口您还请不动那些一流好手呢！说评书分大书、小书两种，大书有《列国》《三国》《东汉》《西汉》《岳传》《明英烈》等类历史书，小书有

《水浒》《聊斋》《济公传》《彭公案》《施公案》《三侠剑》《善恶图》《绿牡丹》《五女七贞》《永庆升平》《七侠五义》等。当年连阔如在天汇轩说《东汉》，王杰魁在永盛馆说《七侠五义》，白天带灯晚给茶馆挣的钱真不下于一个小戏园子呢！带说评书的茶馆，上午茶座散了，伙计得连忙收拾，打扫干净，下午三点开书，晚饭之前收书，带灯晚的，要到十一点才散场呢。有一位说《聊斋》名家，专好说灯晚，夜场收书，胆小书客真有一人不敢回家，要搭伴同行，您就可以想到他说书的火候是如何活灵活现了。

　　春秋佳日在软红十丈的都市住久了，就想到郊区野外透透新鲜空气，尤其北平城里乡间风土人情一切景观完全两样，出外城过了关庙不远，就有野茶馆儿了。两三间不起眼的灰棚儿，前面搭了个芦席棚，棚底下砌了三两排台儿，上面抹上青灰就是茶桌，再砌几个矮墩就算凳子。这种野茶馆儿的茶壶、茶碗，虽然五光十色、缺嘴少盖，可是茶具都是用开水烫过，准保卫生。这种生意以春秋平平，夏天最好；时序交冬，一飘雪花就关门大吉了。

西直门外万牲园东墙，有一片荷塘，当年慈禧皇太后由此处上船游幸颐和园，特别盖了一座船坞，种植桃柳。桥影长虹，风景倒也不俗。看青的老高，在船坞边上，搭了一间寓棚，砌了一个土灶，买几领芦席，铺在柳荫密处，就卖起茶来。芰荷覆水，吐馥留香，野禽沙鸟，翔泳悠然，似乎比南京的白鹭洲还多几分野意。所以，每年夏季总会招来不少茶客，席地品茗，仰天啸傲。可有一宗，就怕来场阵雨，茶客无处避雨只好一拥而散；本来可以赚个十吊八吊的买卖，天公不作美，卖了一天力气，等于白玩。这家雨来散茶馆，老北平去过的很多，现在偶然谈起来，还有人念念不忘这种盎然野趣呢！至于什刹海的茶棚、陶然亭的卢家茶馆、金鱼池的小丁、积水潭的玉渊泉，各有各个味道，一时也说之不尽。

四川人个个都能说善道，据说都是在茶馆摆龙门阵摆出来的。农业社会时代，既少消闲地方，又乏交谊场所，特别是年龄较大、腿脚不太利落的人，重庆山城，上坎下坡，备感吃力，只有到附近的茶馆喝喝茶，打发打发岁月了。同时山城僻壤，法律力量尚不能普及，国人又有屈死不打官司的旧观念，于是茶馆乃成了调解仲裁的处所，吃吃讲茶，彼此一迁就，就能把困难纠纷摆平。

西南各省的茶馆十之八九是袍哥们开的，他们除了卖茶之外，还有一项重要任务是传递帮里消息，接待救助帮友工作。帮里兄弟伙，落座泡茶之后，只要把茶壶、茶碗的盖摆出个帮里暗号姿势，立刻就有帮中人前来盘底，如果入港，三言两语，就把问题解决了。以战时首都的重庆来说，市中心最热闹地段，几乎没有什么茶馆，可是一到郊区，这种纯吃茶的茶馆，就鳞次栉比，多如繁星啦。这些茶馆，差不多都是下江人，也就是四川同胞所指"脚底下人"开的。房子虽然蓬牖茅椽，倒也开敞通风，还有藤编竹扎可供打盹儿的躺椅。抗战期间，大家流亡在外，万一晚间找不到地方寻休，跟老板打个商量，再泡一个茶，也就可以在躺椅上蜷卧一宿，破晓再走了。

重庆和西南各地的茶馆，很少有准备香片、龙井、瓜片一类茶叶的，他们泡茶以沱茶为主。沱茶是把茶叶制成文旦大小一个一个的，掰下一块泡起来，因为压得确实，要用滚热开水，闷得透透的，才能出味。喝惯了龙井、香片的人，初喝觉得有点怪怪的，可是细细品尝，甘而厚重，别有馨逸。有若干人喝沱茶上瘾，到现在还念念不忘呢！普洱茶是云南特产，爱喝普洱茶的人也不少，不过茶资比沱茶要稍微高一点。有的茶客进门来，既不要沱茶，更不要普洱，告诉幺师，

"来一碗玻璃"。所谓玻璃敢情就是一杯白开水，不知道茶客是刮皮呀还是没有茶癖，这一点我倒不能不佩服幺师的雅量。要玻璃是不花钱的，而幺师仍旧春风满面，毫无不豫之色，实在太难得了。

摆龙门阵是四川哥子们的特长。所谓龙门阵势摆得广大高深，越摆越远，扯到后来离题太远，简直不知所云，大家一笑而罢，才算一等一高手。藏园老人傅增湘的老弟傅增滢说，四川人摆龙门阵，说者要有纵横一万里、上下五千年的襟怀；听者要有虚怀若谷的精神，百听不厌的耐心，才算龙门阵中高手。简直把人挖苦透啦。

在茶馆儿里听人家得意之处，总有人说出"安得儿逸"，起初实在不懂是什么意思，只觉得他们说这句话时，舌头一卷，俏皮轻松，有一股子特别腔调，说不出的韵味。久而久之才体会出这句话，即上海人所谓"惬意得来"，是不谋而合的意思。龙门阵摆天皇皇地荒荒，词穷意尽。听者说："明天还要起早赶场，你哥子莫涮坛子吧！"再不然来句："你老哥板凳郎个？"大家也就一笑而散了。这句四川腔，包括了开玩笑、寻开心、吹牛、拍马、瞎扯、胡说种种意念在内，实在是句攸德咸宜的俏皮话，真亏他们如何想出来的。

初来台湾时，延平北路当时叫太平町一带，还有纯吃茶的老人茶馆，喝喝老人茶来消磨岁月。近来虽然老人茶大行其道，百块台币一壶，已非一般老人所能负担，偶或在小街陋巷可能还能找到一两家旧式老人茶馆；至于新兴的茶道茶艺馆虽然越开越多，可是去古益远。茶馆！茶馆！喝茶的风气想蓬勃，真正茶馆的味道愈淡薄，不久的将来恐怕茶馆两字要成为历史上的名词啦！

北平中山公园茶座小吃

台湾省无论大小县市，差不多都有一两所公园绿地。有的石泓春草、古苔夹径，有的曲槛雕栏、疏林掩映，经过若干年的经营布置，大都错落有致。可是逛公园走累了，想在公园里找个茶座，沏壶茶品茗歇腿，那可办不到。据说本省公园管理规则明订，公园以内一律不准经营小吃、设座卖茶，以免影响环境清洁。所以每逢逛公园，遇上走得又渴又累的时候，想起当年在北平中山公园找个茶座，歇歇腿，喝碗水，点点饥的情形，一种莫名的向往，不觉油然而生。

北平中山公园茶座，冬天在平房的雅座，

夏天就在松柏树下阴凉的地方，藤桌藤椅露天茶座，既通风，又凉快。地下既不是砖地，也不是水泥，而是洁净的黄土，碾平洒水，尘土不扬。坐在茶座上南眺北望，一边是古柏高耸，一边是新柳垂阴，藤榻当阶，如坐幽篁。这种情调，似乎只有北平才能享受得到。公园西街，所有茶座都汇集一处。把着路口的春明馆是一些皓首耆宿谈古论今、笑傲烟霞的聚会场所，他们大概都是每天准时必到的常客，熙熙融融，比目前正在各处大力提倡的长春俱乐部还来得火炽。有的精神龙马、步履轻健，有的头秃齿豁、伛偻其行，可以说凡是到春明馆来的茶客，最年轻也在知命以上年龄的。就这些人可能还是追陪杖履随侍左右的晚辈子侄呢。

老人们大多在夕阳下山前后，就陆续驾临了，有画展先看看画，没画展要是正赶上牡丹花开，或芍药初绽，那就漫步徘徊，逐细评赏，然后再入座歇息。天天见面的不外都是些熟识老朋友，品茗、聊天、下棋、论诗，各适其兴，投其所好。最凑趣的是公园里有一种专门在茶座兜圈子的报贩，手里拿着各种新旧画报杂志，平津宁沪各地大小报章，以及平津两地的晚报，他们都熟悉哪位老太爷喜欢看什么报纸杂志，哪位老封翁要看什么晚报画刊。只要茶客一入座，就把报纸杂志递过来，约莫一拨报纸看完，又来给您换几份新的，临走赏个三毛两毛，他们就千恩万谢啦。您要今天没带钱，扬长而去，明天一块儿多赏几文也没关系。

　　春明馆平常对一般茶客准备龙井、香片、红茶三种茶叶。可是有些长期主顾，都是品茗专家，品位不同，所好各异，有的喜欢沱茶普洱，有的专喝水仙瓜片，有的不分冬夏永远是菊花龙井，说是可以明目清心。更奇怪几位茶客，什么茶叶不喝，专门喝高末儿（香片碎末，北平茶叶铺叫"高末儿"），所以春明馆西厢内柜里摆满了瓶罐，各有记号，都是一些老太爷们寄存的茶叶。

客人们既然是专门来喝茶的，当然对泡茶的水就特别讲究注意了。靠近社稷坛内圆卫生陈列所旁边有一口甜水井，说是当年皇帝为祭告社稷坛、斋戒净手而凿的，井水及泉，甘洌清醇，是一口绝妙的活泉。公园西街一带的饭馆茶座都用这口井的水来烹茶，至于哪种茶叶要初沸就沏，哪种茶要落开才对，有几位经验老到的茶博士，能把各位长期茶客的习性特嗜摸得一清二楚，甚至于老先生等友未来枯坐无聊，他们工作清闲时候，还能山南海北地跟您聊上老半天呢！茶博士中有位周二簪当年是周学熙家更夫头，周学熙故后，他就到春明馆半东半伙当起茶博士来。因为他听得多见得广，茶客没事都喜欢找他闲聊。北洋时代京兆尹王铁珊（瑚）、中国画会会长周养庵每天到公园总要跟周二簪聊上一阵子才舒服，否则好像当天有点儿什么事没办似的。周二簪的"簪"字非常冷僻，好多人不认识这个字更不敢念，久而久之大家就把"聱"字免去，叫他周二了，想当年在公园提起周二聱还算一号人物呢！

春明馆除了卖茶之外，还卖几样点心，可就是不卖菜，他们掌柜的说："一者是忙不过来，二者是不愿跟紧邻长美轩（后改上林春）抢买卖。"春明馆虽然卖甜咸两种包子，不南不北，实在有欠高明，每天卖不了多少份，可是他家的清汤馄饨、煨伊府面，真能叫座。春明馆的馄饨既跟挑担子卖的薄如一片云的馄饨有别，跟温州大馄饨也不一样。汤是整只鸡整块排骨吊的清汤，味正汤纯，不油不腻。皮子是自己擀的，不厚不薄，既能搪饥，又适合老人肠胃好嚼好消化。火腿鸡丝豌豆苗煨伊府面，那就更绝啦。整锅炖鸡汤鸡肉鸡皮自然是取之不尽，用之不竭的，至于火腿，当年在北平各大饭馆里也不算稀罕物儿，配料豌豆苗儿，在春夏秋三季虽然菜市随时有售，可是到了冬季，春明馆煨伊府面仍旧配上油绿细嫩的豌豆苗儿，冬季固然卖不了多少，可是经常要准备点儿洞子货的豌豆苗儿，这也是别处办不到的。

春明馆的紧邻是长美轩，他的主顾除了公教人员外，多半是一家男女老幼家庭聚餐。既然到长美轩乘凉，也就点几个菜，在长美轩把晚餐问题解决啦。他家准备的吃食跟春明馆正好相反，不卖点心专供大宴小酌。后来"七七事变"，长美轩东家无意经营，把店盘给周大文、李壮飞，改了字号叫"上林春"。胜利还都，上林春还开了一段时期，他们的白案子是从四如春约过来的。师范大学教务长殷祖英对上林春的灌汤饺极为赞赏，曾约同笔者光顾过几次。南方白案子师傅，对于和面揉面，跟北方师傅不同，尤其蒸饺和面用点糖水，除了有点粘牙，就是饺子边皮风一吹就发僵。四如春约来的师傅虽然是上海人，可是他做出来的灌汤蒸饺就没有这个毛病，软而不腻，柔能爽口。至于馅子纯粹肉馅，照说多少总应当有点滞腻，可是人家灌汤饺，滑腴松润，绝无厚滞之感。货高味醇，所以专门来吃灌汤蒸饺大有其人，胜利不久，上林春东伙不合，也就关门大吉啦。

靠近公园溜冰场有一家叫柏斯馨的西点饮冰室，因为当年穿上四个轮子溜冰鞋在水泥场子里滑来溜去，曾经热闹过一阵子。柏斯馨就是配合溜冰场驰骋游乐的红男绿女而开设的，后来双双情侣爱它雅座幽静，藤榻沿街。北里名花喜其当风惹眼，易于招蜂。一般招呼客人的都是一律穿着制服的十六七岁男孩，不但行动洋里洋气，没事时候嘴里哼着《璇宫艳史》，仿效飞来伯几手黑海盗的斗剑姿势，还有板有眼，令人解颐。所以三十岁以下青年男女游客，一进公园准奔柏斯馨。

从前北平有位专门用俏皮话写小说的"耿小的"，他说："中山公园里来今雨轩是'国务院'，因为一些政要公余都在来今雨轩碰头，谈点半公半私的事。长美轩叫'五方元音'，不管哪一省的人，只要是家庭娱乐聚餐小酌，都喜欢长美轩物美价廉，豁亮凉爽，所以长美轩茶座客人最杂，乃被称为五方元音。春明馆是'老人堂'，柏斯馨是'青年会'。"那真是形容得恰到好处。闲话越扯越远，还是谈谈柏斯馨有什么好吃的吧！柏斯馨的冰柠檬水是冷饮里一绝，那时候还没电冰箱电冰柜，到了盛暑时节，柏斯馨特备四只木质包铁皮大冰柜，里头都是成方的天然冰，做好的柠檬水一瓶一瓶地往冰柜里放，吃的时候现开瓶，不像别的冷饮店，现卖现对冰水。所以柏斯馨的柠檬水浓淡划一，绝对是开水晾凉做的，准保不会吃坏肚子。除了堂吃，柠檬水还应外卖，隔邻的长美轩、春明馆暑天都是它的好主顾。照最保守的估计，夏季每天卖个五百瓶，是毫无问题的。

柏斯馨厨房做西点的师傅有六七位，夏天固然是忙上加忙，就是冬天刮起西北风，瑞雪纷飞，他们仍旧不能清闲。此时堂吃虽然近乎绝迹，可是外卖一拨又一拨地源源而来。按说做西点师傅是以做西点蛋糕面包为主的，人家柏斯馨的师傅们，除了偶或做几块大蛋糕切着卖，应应门市，所有甜咸面包、各式西点，都是从哈德门里法国面包房、东安市场荣华斋两家趸来供应的。他们厨房里专做咖喱饺就够忙的啦。

提起柏斯馨的咖喱饺，就笔者所吃过的来说，柏斯馨的要算第一份。他们的咖喱饺分猪肉牛肉两种，牛肉是三角形的，猪肉是长方形的。不加咖喱是为不吃牛肉跟咖喱的人准备的。刚出炉的热咖喱饺，香腴松脆，入口即酥，无论牛肉猪肉馅儿，都是鲜嫩细润，爽而不糜。不是笔者替他家夸张，凡是吃过柏斯馨咖喱饺的，大家可能都有同感。尤其到了严冬腊月，朔风飒飒，雪压松楸，在柏斯馨当窗一坐，室内是炉火熊熊，远望巍峨宫墙城堞，鸳瓦凝白，崇阁飞絮，喝一杯热气腾腾的柠檬茶，吃几块鹅黄隽燕酥松适口的咖喱饺，远胜啖佳馔饮醇醪，可也当得上是人生一乐。

摩登诗人林庚白、京华美专校长林风眠，两位都是名士派人物，每逢大雪弥漫，天街人静，总相约来园，到柏斯馨赏雪斗诗。有一次两人五古联珠，一共联了一百二十多韵，轰动诗坛，一时传为盛事。梨园行尚小云、富霞兄弟也是最爱大雪纷飞踏雪到柏斯馨吃咖喱饺的，同去的不是梨园公会会长赵砚奎，就是尚富霞的师兄弟高富远，碰巧了坐在一旁，听他们说点儿市井俚闻，谈些梨园往事，那比听连阔如说段评书，高德明来段相声，还要来得痛快过瘾。程砚秋也是最爱欣赏雪景的，冒雪而来必定是和北平戏剧学校校长金晦庐或是须生贯大元，先到唐花坞看花，然后踏雪到柏斯馨吃早点。某年罗瘿公给程砚秋排了一出新戏《聂隐娘》，里头要练一趟紫云剑，那趟剑就是在柏斯馨旁边溜冰场上，冒着风雪,一位剑术专家王老师在雪地上教的。当时柏斯馨有一位小伙计是程迷,侍候茶水之余,这趟紫云剑,居然被这位小老弟偷学全了,后来新艳秋《聂隐娘》里舞剑就是那位小老弟加以指点排练的。曾二庚、贾多才两个丑角都喜欢在舞台上当场抓哏,谈到新艳秋那趟剑法神满气足无懈可击,贾多才一冒坏可就说啦:"好虽好,可惜带点咖喱味。"知道这段事的人,听了都忍不住相视而笑。

到台湾也吃了不少次咖喱饺,都没法跟柏斯馨的相比。有一次在东门国际面包房,遇见名票李心佛买咖喱饺,他说:"在台湾要吃咖喱饺,国际算是第一份儿啦,肉是上肉没有筋头马脑,也不乱塞洋葱蛋白,烤得也算地道。您要吃像柏斯馨那样的咖喱饺,也要缓口元气,不是马上能吃到嘴的呢!"细细一想,颇有道理存焉。近两年最怕进饭馆吃饭,堂倌也好,女侍也好,招呼客人不是热乎得让人骇怕，就是冷冰如进冰窖。想起北平中山公园茶博士们不愠不火亲切至诚的招待，令人不禁生出无限的感触。

后

记

馋人说馋

逯耀东

　　前些时，去了一趟北京。在那里住了十天。像过去在大陆行走一样，既不探幽揽胜，也不学术挂钩，两肩担一口，纯粹探访些真正人民的吃食。所以，在北京穿大街过胡同，确实吃了不少。但我非燕人，过去也没在北京待过，不知这些吃食的旧时味，而且经过一次天翻地覆以后，又改变了多少，不由想起唐鲁孙来。

　　七十年代初，台北文坛突然出了一位新进的老作家。所谓新进，过去从没听过他的名号。至于老，他操笔为文时，已经花甲开外了，他就是唐鲁孙。一九七二年台湾《联合报》副刊发表了一篇充满"京味儿"的《吃在北平》，不仅引起老北京的莼鲈之思，海内外一时传诵。自此，唐鲁孙不仅是位新进的老作家，又是一位多产的作家，从那时开始到他谢世的十余年间，前后出版了十二册谈故乡岁时风物、市井风俗、饮食风尚，并兼谈其他逸闻掌故的集子。

这些集子的内容虽然很驳杂，却以饮食为主，百分之七十以上是谈饮食的。唐鲁孙对吃有这么浓厚的兴趣，而且又那么执著，归根结底只有一个字，就是"馋"。他在《烙合子》写道："前些时候逯耀东先生在报上谈过台北的天兴居会做烙合子，于是把我馋人的馋虫勾了上来。"梁实秋先生读了唐鲁孙最初结集的《中国吃》，写文章说："中国人馋，也许北京人比较起来更馋。"唐鲁孙的响应是："在下忝为中国人，又是土生土长的北京人，可以够得上馋中之馋了。"而且唐鲁孙的亲友原本就称他为馋人。他说："我的亲友是馋人卓相的，后来朋友读者觉得叫我馋人，有点难以启齿，于是赐以佳名叫我美食家，其实说白了还是馋人。"美食家和馋人还是有区别的：美食家自标身价，专挑贵的珍馐美味吃；馋人却不忌嘴，什么都吃，而且样样都吃得津津有味。唐鲁孙是个馋人，馋是他写作的动力。他写的一系列谈吃的文章，可谓之馋人说馋。

不过，唐鲁孙的馋，不是普通的馋，其来有自：唐鲁孙是旗人，原姓他塔拉氏，隶属镶红旗的八旗子弟。曾祖长善，字乐初，官至广东将军。长善风雅好文，在广东任上，曾招文廷式、梁鼎芬伴其二子共读，后来四人都入翰林。长子志锐，字伯愚；次子志钧，字仲鲁，曾任兵部侍郎，同情康梁变法，戊戌六君常集会其家，慈禧闻之不悦，调派志钧为伊犁将军，远赴新疆，后敕回，辛亥时遇刺。仲鲁是唐鲁孙的祖父，其名鲁孙即缘于此。唐鲁孙的曾叔祖父长叙，官至刑部侍郎，其二女并选入宫侍光绪，为珍妃、瑾妃。珍、瑾二妃是唐鲁孙的族姑祖母。民初，唐鲁孙时七八岁，进宫向瑾太妃叩春节，被封为一品官职。唐鲁孙的母亲是李鹤年之女。李鹤年，奉天义州人，道光二十五年（1845）翰林，官至河南巡抚、河道总督、闽浙总督。

唐鲁孙是世泽名门之后，世宦家族饮食服制皆有定规，随便不得。唐鲁孙说，他家以蛋炒饭与青椒炒牛肉丝试家厨，合则录用，且各有所司。小至家常吃的打卤面也不能马虎，要卤不澥汤，才算及格；吃面必须面一挑起就往嘴里送，筷子不翻动，一翻卤就澥了。这是唐鲁孙自小培植出的馋嘴的环境。不过，唐鲁孙虽家住北京，可是他先世游宦江浙两广，远及云贵川，成了东西南北的人。就饮食方面，尝遍南甜北咸、东辣西酸，口味不东不西、不南不北变成杂合菜了。这对唐鲁孙这个馋人有个好处，以后吃遍天下都不挑嘴。

唐鲁孙的父亲过世得早，他十六七岁就要顶门立户，跟外界交际应酬周旋，觥筹交错，展开了他走出家门的个人的饮食经验。唐鲁孙二十出头，就出外工作，先武汉后上海，游宦遍全国。他终于跨出北京城，东西看南北吃了，然其馋更甚于往日。他说他吃过江苏里下河的鲴鱼、松花江的白鱼，就是没有吃过青海的鳇鱼。后来终于有一个机会一履斯土。他说："时届隆冬数九，地冻天寒，谁都愿意在家过个阖家团圆的舒服年，有了这个人弃我取、可遇而不可求的机会，自然是欣然束装就道，冒寒西行。"唐鲁孙这次"冒寒西行"，不仅吃到青海的鳇鱼、烤牦牛肉，还在甘肃兰州吃了全羊宴，唐鲁孙真是为馋走天涯了。

　　民国三十五年，唐鲁孙渡海来台，初任台北松山烟厂的厂长，后来又调任屏东烟厂。一九七三年退休。退休后觉得无所事事，何以遣有生之涯。终于提笔为文，至于文章写作的范围，他说："寡人有疾，自命好啖，别人也称我馋人。所以把以往吃过的旨酒名馔，写点出来，也就足够自娱娱人的了。"于是馋人说馋就这样问世了。他最初的文友后来成为至交的夏元瑜说，唐鲁孙说馋的文章，"以文字形容烹调的味道，好像《老残游记》中以山水风光，形容黑妞唱的大鼓一般"①。这是说唐鲁孙的馋人谈馋，不仅写出吃的味道，并且以吃的场景，衬托出吃的情趣，这是很难有人能比拟的。所以如此，唐鲁孙说："任何事物都讲究个纯真，自己的舌头品出来的滋味，再用自己的手写出来，似乎比捕风捉影写出来的东西来得真实扼要些。"因此，唐鲁孙将自己的饮食经验真实扼要地写出来，正好填补他所经历的那个时代某些饮食资料的真空，成为研究这个时期饮食流变的第一手资料。

① 此处"黑妞"或为"白妞"王小玉。

台湾过去半个世纪的饮食资料尤其是一片空白，唐鲁孙民国三十五年春天就来到台湾，他的所见、所闻与所吃，经过馋人说馋真实扼要的记录，也可以看出其间饮食的流变。他说他初到台湾，除了太平町延平北路，穿廊圆拱琼室丹房的蓬莱阁、新中华、小春园几家大酒家外，想找个地方像样、又没有酒女侑酒的饭馆，可以说是凤毛麟角。一九四九年后，各地人士纷纷来台，首先是广东菜大行其道，四川菜随后跟进，陕西泡馍居然也插上一脚，湘南菜闹腾一阵后，云南大薄片、湖北珍珠丸子、福建的红糟海鲜，也都曾热闹一时。后来，又想吃膏腴肥浓的挡口菜，于是江浙菜又乘时而起，然后更将目标转向淮扬菜。于是，金齑玉脍登场献食，村童山老爱吃的山蔬野味，也纷纷杂陈。可以说集各地饮食之大成、汇南北口味为一炉，这是中国饮食在台湾的一次混合。

　　不过，这些外地来的美馔，唐鲁孙说吃

起来，总有似是而非的感觉，经迁徙的影响与材料的取得不同，已非旧时味了。于是馋人随遇而安，就地取材解馋。唐鲁孙在台湾生活了三十多年，经常南来北往，横走东西，发现不少台湾本地的美味与小吃。他非常欣赏台湾的海鲜，认为台湾的海鲜集苏浙闽粤海鲜的大成，而且犹有过之，他就以这些海鲜解馋了。除了海鲜，唐鲁孙又寻觅各地的小吃，如四臣汤、碰舍龟、吉仔肉粽、米糕、虱目鱼粥、美浓猪脚、台东旭虾等，这些都是台湾古早小吃，有些现在已经失传。唐鲁孙吃来津津有味，说来头头是道。他特别喜爱嘉义的鱼翅肉羹与东港的蜂巢虾仁。对于吃，唐鲁孙兼容并蓄，而不独沽一味。其实要吃不仅要有好肚量，更要有辽阔的胸襟，不应有本土外来之殊，一视同仁。

　　唐鲁孙写中国饮食，虽然是馋人说馋，但馋人说馋，有时也说出道理来。他说中国幅员广阔、山川险阻，风土、人物、口味、气候，有极大的不同，因各地供应饮膳材料不同，也有很大差异，形成不同区域都有自己独特的口味的现象，所谓南甜北咸、东辣西酸，虽不尽然，但大致不离谱。他说中国菜约可分为三大派系，就是山东、江苏、广东。按河流来说则是黄河、长江、珠江三大流域的菜系。这种中国菜的分类方法，基本上和我相似。我讲中国历史的发展与流变，即一城、一河、两江。一城是长城，一河是黄河，两江是长江与珠江。中国的历史自上古与中古，近世与近代，渐渐由北向南过渡，中国饮食的发展与流变也寓其中。

唐鲁孙写馋人说馋，最初其中还有载不动的乡愁，但这种乡愁经时间的冲刷，渐渐淡去。已把他乡当故乡，再没有南北之分，本土与外来之别了。不过，他下笔却非常谨慎。他说："自重操笔墨生涯，自己规定一个原则，就是只谈饮食游乐，不及其他。良以宦海浮沉了半个世纪，如果臧否时事人物，惹些不必要的啰唆，岂不自找麻烦。"常言道："大隐隐于朝，小隐隐于市。"唐鲁孙却隐于饮食之中，随世间屈伸，虽然他自比馋人，却是个乐天知命而又自足的人。

熊掌和洒金笺

——记唐鲁孙先生和高阳

姚宜瑛

　　平素好几位年长的朋友称呼我姊或大姊，连张佛老和唐鲁孙、夏志清诸先生都这样称呼我，我总说不敢当。有一回和张佛老、高阳同席，他们解释称姊或大姊是官称，虽然我不是官，是表示尊敬、礼貌和亲切的意思。多年来我在长者面前，也就泰然接受。

　　高阳考究饮食。先母常说："三代做官，才懂得穿衣吃饭。"高阳正是官宦世家之后，又是文坛巨擘，可能的话，美食是他生活中的必需。好菜经他品评后，仿佛滋味更是香浓甘醇，所以高阳病中九死一生后，仍念念不忘病中所购谈吃的书。他出院后，我们在一次聚会中见面，我笑他太性急，从荣总到东区出版社，来回的车费足够买好几本书。他不以为忤，向我细述他躺在病床上的日子，心境寥落凄苦之极。自古文人多寂寞，尤其如高阳洒脱不羁，经过六十多年人生沧桑，老来依然孤独一身，无所归依，当然病中更有人生如寄的苍凉。那天他又说了一句很感伤的话："唐先生要看了这本书，更有得谈了。"

唐鲁孙先生是清朝珍妃的侄孙，贵胄世家，也是民俗家、美食家。他写的掌故和谈吃的文章，曾风靡海内外。国外大饭店的大厨，曾多人回国向唐先生请益。台北某些大酒店或大餐馆新开张或出新菜，也往往请唐先生去品尝。我不敢讲懂饮食之道，但先父母考究饮食，母亲尤精厨艺，我自小耳濡目染，对做菜如莳花、写作，同样有浓厚的兴趣。有时我"实习"的菜做得不理想，立刻打电话去问唐先生，而为我解答的往往是唐太太。懂得吃和懂得欣赏美味，决非要名贵的菜肴。做菜是创作，也是艺术，菜做得好，哪怕是青菜豆腐也自有风味。我在厨下常常不按理出牌，或"发表"新的观点，唐先生渊博、宽宏大度，往往得到他的称许和指点。唐先生和唐太太知我有学习求知的精神，每有精彩的邀宴，常约我同行，也常约夏元瑜先生和高阳。

那年，来来饭店"随园"出新菜，唐先生夫妇约了夏元瑜先生、高阳和我。那天的新菜好像叫什么明月，装饰性太重，印象不深。盛宴将尽，侍者奉上好茶。那天茶真好，至今还感到齿颊留香。然后饭店经理、餐厅经理、领班、大厨、侍者一行人齐来敬酒问安。唐先生含笑从唐太太手提包中掏出一个皱巴巴的牛皮纸包，摊在桌上，竟是三大块黑漆漆干巴巴的东西——熊掌，大家不由得一阵惊叹。那时两岸还未开放，唐先生说是四川朋友带到美国辗转送给他的。他转赠"随园"是回礼，谢他们的盛宴。我想在场除了夏元瑜先生见过熊掌外，其他人都是第一次见到，因此桌边又围上许多人来"见识"。大厨立即向唐先生请教熊掌的做法，唐先生和唐太太只是相顾微笑。我听唐先生说过，他在十二三岁时就吃过熊掌，但未必会做。唐先生退休后，生活简朴，但场面上出手依然有昔时贵公子的气派。

那天夏元瑜先生有事先回家。唐先生说到他家喝茶，我们也很习惯宴后四人共车去唐府聊天。唐先生好客，我常被邀到唐府。唐先生生活恬淡、平和、忧患不易侵。我很喜欢小楼的自在和闲适，壁间一字一画和简单的陈设，都安置得十分妥适，处处显示出主人的内涵和品味，蕴藏着经过荣华富贵后的雍容和自得，清淡中有浓郁的书卷气。我常说和唐、高两位聊天，如读写在空气中的好文章，在融洽的气氛中，言谈如行云流水、潇洒自如，不用一字修饰，比写在稿纸上的作品更有可读性。往往大家也会聊得忘掉了时间。

唐先生是"礼而不废"，每次在唐府聊天，唐先生一定客气地请我上座，因为我是女性。我坚持不肯，礼让高阳坐，我们坐定唐先生才入主座相陪。温文如玉，曾是美人的唐太太，则坐在唐先生身旁的椅子上，多年来，这礼数从来没有改变过。

有一回我去唐先生家，见到一位记者正在访谈。那位年轻人大喇喇地坐在主人位置上，神采飞扬地说话，唐先生对我会心一笑。唐先生宽容又带点无奈的笑容，至今还在我记忆中。

唐先生和高阳友情深厚，两人都是睿智渊博，博古通今。唐先生是皇族贵公子，稳重、沉潜、淡泊；高阳是杭州大世家之后，豪气万千，潇洒如流云。两位都浸淫在传统文化中，从锦绣、豪华中走过。唐先生年长，高阳很尊敬他；唐先生也敬高阳的文采和才情，多年来，彼此相敬、相惜。世人说"文人相轻"，那是指浮泛浅薄之辈，我在唐、高两位交往中，体会到文友间的惺惺相惜，如水乳交融而一尘不染的高洁友情。

更难得的是两人都温厚大度，谦和悲悯。多年来相聚聊天，从未见他们尖酸刻薄地批评朋友或怨怼。这种美好的品德，是高深的学养、教养和宽阔的胸襟凝聚而成。

唐、高两位都极健谈，论史、论文滔滔不绝。因为两人都经过大家族的剧变和时代的沧桑，尤其是一些宫廷旧事，和民清官场的诡异突变、人情势利……听得我仿佛正在读精彩的历史演义。唐先生尤爱说鬼故事，谈到动人处好像引我们身历其境，见其情、见其景。有一回他说在北京老宅书房中，见一鬼在雕花木格窗外悠悠飘飘而过……叫人汗毛直竖。我成长在南方百年老宅中，庭院深深，历经战火兵灾，年代久了，自小听多了大人的怪异传说、故事，虽然心惊，依然爱听。

那天，高阳说最近要印一种信纸，用很

名贵的进口纸。信纸上洒金，全部用手工制作，我立刻记起幼时见到长辈用过这种玫红、米白的洒金笺。他还说信封上的款是要亲笔签名，当然也是烫金的。他再三问我们要不要一齐印，唐先生笑答他用普通稿纸写信很方便，不用再去印信纸，我也说不敢用如此豪华的信笺。高阳见我们都不印，有点意兴阑珊。我建议他印好信笺后，给唐先生和我各写一封信，我们就都有了洒金笺。三人相顾大笑，连坐在一旁文静的唐太太也笑了。

不知道后来高阳有没有印这种豪华的信纸，我和唐先生一直没有收到他写在洒金笺上的信。偶见高阳来信，还是顺手拿来的稿纸或活页纸。也许洒金笺是他的一种怀旧，一种传统文化中精美典雅的回忆，永远不会回到他的现代生活里了。

后来唐先生生病，每周去医院洗肾。某日下午，高阳约我去看望唐先生，唐先生穿睡袍，闻声自卧室内急走而出，虽然面色焦黄有病容，但是见到我们十分欢喜，甚至可以说是兴奋，立刻笑语盈室。唐太太使眼色引我入厨房，沏茶中告诉我唐先生病得不轻，不能过劳，平时已不见访客。我面对她凄楚悲戚的神情，只会握住她的手，不知怎样安慰她。回到客厅略谈片刻，我两次起身告辞，唐先生不让走，他在日薄崦嵫的时光里，是如何希望多留住朋友相聚的美好时刻。最后道别时，唐先生执意要送到门畔，我下楼梯时忍不住眼湿。我极喜欢亲近这位温厚博学的长者，但是，我在他眼里感到黑夜将临的悲凄。之后，唐先生除了上医院，再也没有出过门。那天下午小楼的相聚，竟是最后难忘的回忆了。

人世间恩爱的夫妻很多，但也有些不得不在人前作秀或表演的牵手。唐先生和唐太太是好姻缘，两人几乎寸步不离，出入同行同止，仿佛是一双老去而优雅的文鸟，相互扶持，相依为命。唐先生过世后，唐太太随公子迁入瑞安街新居，离我家不过数步之遥，我以为可以时常见面，但是不久唐太太就过世了。也许夫妻感情太好，精神上已成为不可分离的一体，失去另一半的痛苦无法承受，所以唐太太翩然而随唐先生去了。

高阳嗜酒，许多关心他的朋友劝他戒酒或少喝，我和唐先生也常劝他。他几次进医院出生入死，但出院后又悠游酒海了。酒国英雄是永远不老的，不肯服老。我幼时见过沉醉酒乡的亲长，一杯在手如神仙，可是酒杯虽常满，生命却苦短。岁月不饶人，到头来总是悲凉的离去。

唐先生过世后，高阳建议我为他出全集。全集也是高阳自己多年来的心愿。我了解年长作家的心情，作品如呕心沥血抚养长大的一群孩子，有生之年见他们围聚在一起是人生另一种幸福。世人见到的是作家的文，各种各样人性遮掩在光彩的文章之下，有的文如其人，也有人完全不像文。我认识的高阳至性至情，虽然不羁，但对朋友真诚、热心。因为他对唐先生的尊敬和友情，见到我总讲为唐先生出全集的事。他还说如全集出版，他一定要写序。那些年，出版业景气还好，我以一年三个月的时间，把唐先生在别家出版社的书集中，共十二册，付印后请高阳写序。催了几次没有下文，我想起多年来一些作家朋友们为请人写序的痛苦和快乐的经历，我几乎可写本书，我正想不等他时，忽然收到他用快递寄来的序。我立刻打电话谢他。他说因病，病酒、病胃、病心脏……所以耽搁了时日。过了几天夜晚，他忽然来电话，请我把序文寄还。他说写得不好，太草率，对不住唐先生，他要重写。那时文已付印，来不及了。书出版后，他直说很遗憾，对不住唐先生这样的好朋友，他应该多花点时间用心写，来纪念和唐先生的友情。

人生憾事多，高阳尤甚。他一生不拘小节，事事率性而行，从没有想到后果。但千金散去没有了，盛宴欢乐总要散席，美酒永远喝不完，美人们别有怀抱。虽然相识满天下，但最要好的朋友，也要回到自己的家，走自己的路。除夕夜住到凯悦饭店的心情是可以理解。他软弱、善感、惶惶无主的一生，抵挡不住人生的波折和凄凉，也可以说是中国文人往往落拓尘世的写照。可惜他有许多构想和许多好文章未写完，许多享受未得到。夜夜人静，他在孤灯下与烟、与酒为伴，完成了一百多部历史小说。他执著的考证癖，恐怕是后继无人。他在久病缠身中殒世，虽然留得千秋万岁名。正是自己的性格，写下自己的命运。

粉子胡同老志家（节选）

唐光熹

　　家父唐葆森，号"鲁孙"，是我家唯一一位了解家族历史的人，可惜当年笔者年纪尚幼，根本还没有到达有资格探索家族历史渊源的年龄，再加上父亲常年在外地工作，时而汉口、武昌，时而南京、上海，时而扬州、泰州，甚至远赴东北的锦州、北票，只有逢年过节才得回家一趟，故而少了了解家族渊源的机会。

　　年节期间，家中人来人往应酬繁忙，难得有空坐下来闲话家常，谈论家族渊源的陈年旧事，只有当全家老少齐聚南屋祖先堂（按：我家的祖先堂除了进门的这一方以外，其余三面的墙壁上都挂着大幅的祖先画像，所以我们习称这里为"影堂"）上香磕头给祖宗辞岁时才有机会听到一鳞半爪。昏暗的灯光在香烟缭绕烛影摇曳之下，衬托出一股神秘的气氛，画像上的每一只眼睛都好像瞪着你瞧，令人不禁背脊发麻，长出一身鸡皮疙瘩来。祖母告诉我们："这些都是你们的祖宗，看到你们疼都来不及，有什么好怕的？"

父亲也趁机来个机会教育，指着画像讲解影中人的辈分和生平，例如说："中间那个头戴官帽慈眉善目的白胡子老头是咱们二房的大长辈，你们的高祖长善将军，他曾辅佐恭亲王签订《中法和约》，后任广州将军，逝于任所，平时自律甚严，但是待人宽厚，贩夫走卒都对长善将军十分崇敬。"

又指着旁边一幅黑胡子老头的画像说："这位是你们的曾祖父志钧，号仲鲁，为支撑家计自愿放弃京官，外放江南，执掌官书局、巡防局、牙厘局和银元局等机构，担任行政工作，卸任后留在江南与友人合资开设'裕善源'银号，在泰州设立'谦益永'盐号，并兴建房屋，广置良田，才能使得咱们家衣食无虞。"其余的虽然也讲了一些，但是因为人数太多，大都记不起来了。

祭完祖先以后到吃团圆饭之前，我和家兄光焘还有一个任务得先完成，那就是我们得坐上洋车，到没有子嗣的那两房本家老祖那里为她们代烧包袱（按：所谓'包袱'，指上书祖先名号、内装金银纸锭、用红纸糊的包袱，烧给过世的祖宗在冥界花用），当然少不了会带几个装着真钱的红包回来。通常我们回到家里时，街上的路灯都已经亮起来了。但是我们俩还是老神在在，知道即使年菜都已经摆上了桌子，也一定会等我们回到家以后才会开动。

酒醉饭饱，照例得来上一点余兴热闹一下，客厅里灯火通明，掷骰子的掷骰子，推牌九的推牌九，过年大家同乐，不论听差的、老妈子都来参加，连平时找来算命的张瞎子也上门来凑上一脚。不过这位算命的张瞎子最怕我问他："张先生你算得出来这次押哪一门儿会赢？"张瞎子总是一脸无奈地说："我平常算命都很准，碰到耍钱可就不一定了，你还是自己下注吧！"时过午夜，吃完饺子，大人继续守岁，孩子们上床睡觉，想听家族故事又得再等一年了。

驰骋草原渔猎为生的部族，文化水准低落，早期我家祖先的传承因缺乏文字的记载已不可考。父亲遗留下来的《祖先生平事略》是从满洲八旗大军进入山海关时开始的，进关以后的情形已有概要式的记录。另外父亲还亲笔写下一份《家族世系表》，一代一代有系统地排列起来，一目了然。[1] 从这些资料

<hr>

[1] 唐鲁孙所撰《祖先生平事略》与《家族世系表》见文末。

中，使我对于我家家族的渊源有了比较清楚的概念。

我家的满姓是他塔拉，源起于长白山札库穆，隶属于八旗中的镶红旗。从龙入关的始祖为五色烈，其人神武豪迈，千军辟易，扈从襄赞有功，封"镇威大将军"，食量兼人，酒量如海，卒葬北京京西二里沟，岁时祭扫辄以白干一坛、白肉一方奉祀。

五色烈生子萨郎阿，笔帖士出身，曾任户部员外郎，卒后追赠礼部左侍郎。萨郎阿生子裕泰，字东严，号余山，历任湖广总督及陕甘总督，以军功封太子太保，并赏戴双眼花翎，赏穿黄马褂，卒谥庄毅，家人尊称他为庄毅公，长辈们讲述家族历史的时候每每将他一生光耀的成就视为家族发迹的开端。

庄毅公生有四子，长子长启曾任广西梧州知府，生三子，曾任知府、知县，并无特殊功绩；次子长善曾任广州将军，我们这一房的子孙便是长善公的后代；三子长敬曾任广西博罗知县，其子志锐曾任杭州将军和伊犁将军，其生平事迹可圈可点亟为突出，容后再叙；四子长叙曾任礼部侍郎，乃光绪皇帝所纳瑾妃、珍妃之父。由此可知，我他塔拉家族乃是以军功起家，因功获得封赏而供职朝廷，直到瑾、珍二人获选入宫为妃，瑾妃更于光绪死后受封为皇太妃，才勉强算得上是国戚。

我心中一直有一个谜团无法解开，小的时候时常听到在家里服务两三代的老奶妈们给我讲早年家中的陈谷子烂芝麻时，总不时提到"当年你们老志家如何如何"，让我听得一头雾水，我们的满姓是他塔拉，汉姓是唐，怎么会是志家？老奶妈们知识有限，只能勉强告诉我："你们旗人的规矩，平常不称呼姓，只叫名字，你的曾祖辈都拿志字排行，例如你们家大房有志颧、志闿、志夑三个兄弟，二房就是你们的曾祖父志钧，三房是你们的大兵老祖志锐，四房就是瑾妃、珍妃的哥哥志锜。而且这几个兄弟都在朝当官，声势如日中天，当年这条粉子胡同有半条街都是你们家的产业，人人都称呼为志家。"我听了以后还是不太明白，那为什么后来我们不姓志而又变成姓唐呢？这个"唐"又是从何而来的呢？

　　我曾经问过祖母，也许因为祖母是汉人（祖籍江苏镇江）的关系，对于旗人的规矩也不大清楚，所以无法给我答案，母亲也是镇江人，当然更不知道了。直到举家渡海来台，在台北跟父亲住在一起好几年，自然有很多机会聆听父亲讲述唐家的陈年旧事，让我知道了不少以前所不知道的家族历史和趣闻轶事，但是当我问到"咱们家为什么姓唐？"的时候，竟然连博学多闻的父亲也无法说出一个所以然来，只能含糊地说："只知道从你们祖父源续公那一代起，咱们家就姓唐了，至于为什么是姓唐，就没听说过了。"因此这个存在已久的谜团始终停留在我心里，没有找到答案。

不意前些日子与在东莞经营电子产品生产的大儿唐绅通电话，我问他这次金融海啸对他生意的影响时，他在电话那头说："我的产品主要是销美国，美国受金融海啸的影响，经济萧条情况逐渐扩大，我自然直接受到冲击，目前只有苦撑待变，等候春天的燕子，所以最近我空闲的时间很多，没事时就上网看看有什么可看的文章没有，我发现大陆这边对于前清的历史、宫闱的秘辛和满族的沿革等非常有兴趣。"我让唐绅把这些网页上的文章统统下载传给我，我再一一列印下来。

仔细阅读之下，发现我们这些满族同胞真是有心人，不知花了多少时间和精神用于搜集、研究、考证，然后执笔为文，贴上网页与同好分享。尤其可喜者，从唐绅传来的资料中，很意外地让我看到雅昌艺术论坛"雅昌茶社"一篇标题为《北京满族〈冠姓溯源表〉》的文章，表列各姓非常之多，在此不一一列出，只将几个大家耳熟能详的姓氏列出，以供参阅：

金——爱新觉罗

叶——叶赫那拉、叶赫那、叶赫勒

鲍——博尔济吉特、博尔济吉锦

马——马佳、费莫

富——富察、富勒哈

唐——唐吉、唐乌勒特、他塔拉

那——那拉、叶赫那拉、叶赫那、那勒加、那尔加拉

舒——舒穆禄、舒莫里

我总算找到了我们姓唐的来源出处啦。

我们唐家从高祖长字辈起分为四房：长房长启，多年以来除了知道他生有三子以外，似乎没有任何有关长房的资讯，也不清楚有没有后代传下来；二房就是我们这一房，从长善将军传下来到我的孙子这一辈已历七代，

目前在台湾繁衍，也有部分流向美国和泰国定居；三房长敬生子志锐，于伊犁将军任内殉职于将军府，仅二妾狼狈逃回北京，没有留下子嗣，大姨太因疯癫症不久死于北京，二姨太一直住在粉子胡同我家对面，与我家走得很近，后因患子宫癌去世；四房长叙生子志锜，生女瑾妃和珍妃，志锜子嗣较多，除生有海沂、海澜、海桓（号君武）三子以外，还有女儿石霞和舜君。

唐海桓为人豪爽亲切，我们称他为七爷爷。唐舜君对我们非常照顾，我们称她为五姑爷爷（其实海桓是兄，舜君是妹，搞不清楚是怎么排行的）。他们先后来台以后与我家时相来往。唐海桓在台曾经再婚，娶溥儒遗孀为妻，后因病去世。唐舜君生有二子，雷道余和雷孝琛，道余任职"经济部"，曾派任日、美等国经济参事处工作，很受长官器重，可惜在台北期间因感冒微恙住进医院后就没再出来，一直未能查出病因，壮年辞世令人惋惜。其弟孝琛从事新闻业，染病去世尚在道余之前。唐舜君晚年百病缠身，端赖打针吃药维持，唯人前依然盛妆，雍容华贵，看不出病容，去世前缠绵病榻数日，我曾往医院加护病房探视，此刻她已认不出人来了，后因心肺衰竭，经急救无效去世。

记得当年在北京的时候，四房家大业大，人口众多，据说连用人加起来有一百多口人，不知道现今还有哪些人尚在？

日前看到一篇郭招金先生的文章《访珍妃之侄唐海沂》，引起我极大的注意，我想总算有了一些唐家人的消息。文章中这样写：

"'你来了，出于礼貌我得接待你，我的一切你都看到了，我有什么好说的呢？'唐海沂，他的满族老姓叫他塔拉，历史上有名的珍妃、瑾妃是他的亲姑姑。他不愿意会见客人，更不愿意谈及自己的身世。因为正是他的这种身世，加上他这副直来直去的脾气，使他吃尽了苦头。他蹲过监狱，释放后找不到工作，一直在街道上打零活。现在岁数大了，活干不动了，靠妻子的几十元退休金过日子。当然，他的四个孩子也都成了家，还负责赡养他们。采访他实在有点强人所难，但他的身世太吸引人了，使我欲罢不能。

"他家住在东城区北二环路南侧的一座破旧的平房里。房子是里外间，旁边搭一个简单的厨房。家里没有许多普通家庭都有的大件现代化的家具，一切收拾得倒还干净。我造访时，唐先生正在外间用早餐。他的早餐很简单，也是北京市民的传统早餐食品，喝玉米面糊，桌上放着一碟咸菜。和唐先生幼年的生活环境相比，这种生活自然是无法比的，所以他不愿意再谈自己的经历。这些年来，许多爱新觉罗家族成员的生活又有了变化。谈起了这些，他说：'我和他们没有来往。'接着他又说，'我这一辈子就亏在没有一技之长。'"（以下从略）

我知道他是七爷爷唐海桓的哥哥，可能

也是当年我们管他叫六爷爷的唐海澜的哥哥。我还记得当年的六爷爷癖好异于常人，他特别喜欢放风筝，巨大的风筝有房檐那么高，得趁着大风由两个听差的合力才能放得起来，然后把绳子绑在廊下的大柱子上，因为拉力太大，六爷爷根本抓不住。还有一样嗜好是玩小学生玩的"建造纸"，那是在硬纸板上印上房屋模型，剪下来以后贴成立体的房子，我在他的书房里看到有好几百张这种纸堆在桌上，羡煞我们这些小朋友。回首前尘，今昔的天壤之别，岂能不令人兴起天上地下的感慨。

我家早年是由祖母当家，祖母是江苏镇江张家的小姐，闺名叫秉俊。她的兄长是张秉懿（号柳丞），父亲是张恩麟（号秀生），曾担任大法官，入赘江北泰州王得昌（号梧园）家，与其女王锡荫结婚。王家系由扬州迁来泰州定居，经商致富。前面曾经提过，我的曾祖父志钧公宦游江南，隐退后从商，与友人合伙开设"裕善源"银号并创办"谦益永"盐号，经营范围包括泰州、兴化、东台等口岸。在泰州大林桥兴建住宅，在乡间广置良田，产业尽在江南。扬州的王家自扬州迁来泰州以后，除了商业经营大展宏图以外，也在大林桥建起七进大宅作定居的打算。张家虽无自宅，但租屋也在大林桥，唐、张、王三家鼎足而居，时相往还。张王两家原有姻亲关系，后张柳丞之妹张秉俊嫁入唐家与唐贻泉结婚，致唐张两家也产生了姻亲关系，于是这三家往来关系更加密切，甚至于我的外公张柳丞这一辈的兄弟们与王家的众兄弟以大排行的顺序相称，可见得彼此亲密的程度。父亲成年以后与外公张柳丞的四女张宝田相处融洽，感情甚笃，于是亲上加亲，表姐弟互许终身，从表姐弟关系变成了夫妻。我的祖母既是母亲的婆婆，也是母亲的亲姑母，亲戚关系是越来越复杂了。

回过头来，该提一提唐家自己的事了。

我家自从进关以后就住在北京粉子胡同，一直没有搬过家。可惜我们这房人丁不旺，屋大人少，用人比主人还多。我们这一支男丁更是稀少，高祖父长善公虽然一生乐善好施，却没有子嗣，不得已从其三弟长敬公那房将其子志钧过继过来延续二房的香烟。虽然我们的曾祖父志钧公很是争气，生下二子源续（号贻泉）与海续，却没想到我们的祖父源续公竟于婚后不明原因英年早逝，只留下一女，于是二房又陷入了乏人继承香烟的窘境，无奈之下只得将海续之子葆森（号鲁孙）从小过继过来，便是我们的父亲。

　　可能是从小受成长环境的影响，父亲生性温和、个性恬淡，少与人争，处事少年老成，他的平辈表弟妹们常戏称他为"老哥头"。记得我小时候有一次为了本家们对我们这一房待遇不公非常气愤，对父亲的忍让不以为然，事后母亲安抚我，跟我说了一段发人深省的话：

"你父亲在很小的时候就过继过来了，一个还没懂事的小孩儿，在莫名其妙的情况下被安置在一个没有亲生父母呵护的陌生大家庭环境里，身边都是从没见过的陌生人，虽然你的祖母对他疼爱有加，但是也难以弥补离开生母的伤痛，以致于心灵上始终缺少一份安全感，凡事总是先顾虑别人的感受，宁愿自己吃亏，也不愿据理力争，长久以来逐渐养成了拘谨忍让、守礼守分、不敢逾越的个性。即使到了今天，在外已是独当一面的公营事业的主管，在内他独力撑起了一个家，是真正的一家之主，可是从小养成的谨小慎微的行事风格，却再难以改变了。这些年来我对他的性情早已经习惯了，你也要多了解他才好。"

　　听了母亲这番话以后，我深切自省，对于自己的莽撞和不懂事非常自责，幼年失怙、孤单无助的境遇，岂是我们这些父母健在、备受呵护的温室花朵所能体会得到的。

父亲从小念书没有没有家人的指导，一切都靠自己。他喜欢看书，什么书都看，说是博览群书也不为过，故而国学底子极为深厚。他写得一手好字，作得一手好文章，诗词对联也难不倒他，他的国文程度远远超过他的同学。只不过数学、理化方面却是天生不擅于此，以致他从汇文中学毕业以后只考进了北京的财政商业专门学校（大概相当于今日的专科学校），无缘进入正式大学，未能取得学位。这所学校是由外国人所出资创办，教学的素质相当高，尤其重视英文教学，以与外商贸易为教学重点，藉以培养优秀的外贸人才，只可惜学校未经教育部立案，所以其学历不为政府机关所承认，这一点对于父亲以后的从政生涯造成了诸多阻碍，乃至于后来渡海来台任职，也还是因为不能提出学历证件无法通过铨叙，而不能进入行政机关服务，一生深受其累。

父亲年轻时喜欢摄影，在那个年代，在古老的北京城，照相机还算是稀罕之物，有许多老北京一生也没拍过一张照片，而父亲却拥有大大小小的德国照相机好几个，他不但有各式各样的照相机，连冲洗照片的器具和材料也一应俱全，可见得他当年一定是迷照相迷得不得了的先进人物。由于喜欢摄影的关系，少不了背着照相机到各地名胜风景地区猎取美景。虽然当年不能像现在这样可以随意出国旅游拍照，但是国内大江南北广大山川却是任他遨游。

泰州地处长江以北，不仅风景秀丽，气候宜人，更因为佳肴名点脍炙人口，成为吸引父亲向往的诱因。但是真正吸引父亲喜欢往那边跑的原因，可能是因为张柳老的家就在泰州，他家的子女和父亲年龄相若，年轻人玩在一起很是热闹，比闷在北京家里快乐得多了，怪不得他一去就乐不思蜀舍不得回来，没想到表姐妹们相处日久，却逐渐发展出一段情缘来了。

　　张家的长子书田在上海读书，后来毕业于复旦大学，二姐瑞田是上海智仁勇女中毕业的，三姐芝田也进入了中学，唯有四女宝田不知道为了什么没有入学读书，而是由外公在家亲自教导，她学的东西除了读书写字以外，还要学英文、珠算和记账，因此她虽然没有上过学堂，但是学以致用的学问倒是学得十分地扎实。

　　那时他们的母亲戚夫人已经过世，书田在上海不常回家，瑞田以长姐的身份掌理家务，对妹妹们十分照顾。宝田在家中年纪最小，但比父亲大两岁，父亲称她为四姐。她个性活泼，喜欢开玩笑，更喜欢以作弄人为乐。父亲则是生性老实，态度拘谨，这两个人性情上可说是南辕北辙的两个极端。父亲天生胆小，听到打雷就会把耳朵捂起来，看到有人放鞭炮就赶紧躲得远远的，宝田天生胆大，特别喜欢放鞭炮，不论多响的鞭炮都敢放。父亲最怕的就是毫无预警地突然响起的鞭炮声，而宝田则是最爱趁父亲不注意的时候在他身后放一串鞭炮来吓他，这样一对个性迥异的表姐弟竟然日久生情彼此看对了眼，互许为终身对象了。

父亲和母亲的婚礼选在上海举行，新郎、新娘穿着礼服婚纱非常时尚。母亲的嫁妆是全套的红木雕花中西合璧的法式家具，既漂亮又时髦，雕刻细致精美，衣柜和梳妆台镶嵌的是极厚的玻璃砖，照镜子的时候一点都不会走样。铜制的双人弹簧床锃光瓦亮，床上装饰着各式规则的图案，四根铜柱的顶端各装一个会旋转的铜球，用手轻轻一碰铜球就会转个不停，十分有趣。这四个铜球是我小时候最喜欢玩的东西，走过来转一转，走过去也得转一转，百玩不厌，母亲曾经不止一次地制止我，可是我总是记不住，后来她也懒得再说了。

满州长白山扎库穆他塔拉家族世系图

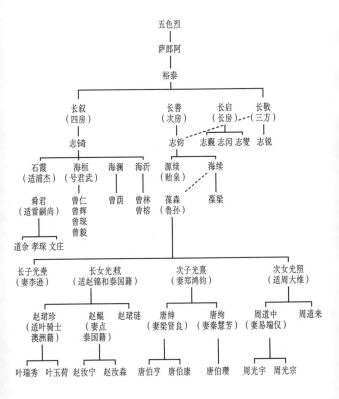

唐家祖先事略

五色烈　入关始祖，从龙进关，神武豪迈，千军辟易，扈从襄赞有功，封镇威大将军，卒葬北京京西二里沟。生前食量兼人，酒量如海，岁时祭扫辄以白干一坛、白肉一方奉祀。

萨郎阿　笔帖式出身，生子裕泰，曾任户部员外郎，卒后追赠礼部左侍郎。

裕　泰　字东严，号余山，历任湖广陕甘总督，以军功封太子太保，赏戴双眼花翎，赏穿黄马褂，卒谥庄毅。

长　启　庄毅公长子，曾任广西梧州知府，生三子，长志润，次志燮，三志觐，攻书法，著有松竹石室诗存行世。

长　善　庄毅公士次子，字乐初，号佛芗，曾佐恭亲王签订中法合约，嗣后任广州将军，卒于任所，著有《芝隐室诗文存》，书法极近何绍基，无嗣，以三弟长敬第二子志钧为嗣。将军以军功起家，终身以未能应科考为憾事，在粤创办同文馆并延明儒陈兰甫教子课侄，均入词苑。将军束身严谨，仁爱待人，北平贩夫走卒皆知长善将军。

长　敬　庄毅公第三子，曾任广西博罗县知县，生二子，长志锐，次志钧。

长　叙　庄毅公第四子，字彝亭，曾任户部侍郎，生子志锜，生女瑾妃珍妃。

志　闿　长启公长子，字石襄，曾任广西龙州府知府。

志　燮　长启公次子，字理斋，曾任四川彭水县知县。

志　觐　长启公三子，字秋宸，曾任浙江湖州府知府。

志　锐　长敬公长男，字伯愚，翰林出身，精骑射，双手发枪弹无虚发。初在翰林院供职，继任礼部侍郎，以倡新政逆慈禧太后，外放热河练兵大臣，宁夏副都统。因仍专折奏事，改任伊犁领队大臣，俾不得专折奏事。宣统元年（1909），调杭州将军，旋奉诏进京，拟调盛京将军，公以多年任职伊犁，深谙对俄赔款等交涉，事务繁重，自请出任伊犁将军，且以盛京为清廷发源重地，乃举荐赵尔巽出任盛京将军。辛亥军兴，在伊犁殉难，仆从亲族从亡者二十余人，入清史名臣列传，谥文贞，著有塞上竹枝诗、廊轩诗集。

志　钧　长敬公次子，入嗣长善公名下，字仲鲁，号陶安。传胪出身，以家族食指浩繁，依两江总督刘坤一听鼓江南，署江南官书局、巡防局、牙厘局、银元局。后与李经楚合资设裕善源银号，即中国银行前身，与周植庵、许云浦、李振青、潘锡九等创办谦益永盐号，辖江苏兴化、泰县、东台三食岸。旋退隐海陵，生二子，长源续、次海续。著有同听秋生馆词钞，在京时与盛伯希、于式枚、文芸阁、梁星海、宝竹坡、黄体芳、王可庄、赵次珊、李木斋等诗酒往还，京中宅邸乃成人文荟萃之所，朝政兴革颇多献替，一时人称清流派。

志　锜　长叙公之子，字赞希，号坚公，笔帖式出身，曾任正蓝旗满州都统。

源　续　志钧公长子，字贻泉，袭荫出任户部职方司长印。早卒，以胞弟海续长子葆森为嗣。

海　续　志钧公次子，字绍五，曾任清史馆编纂。生二子，长子葆森入嗣源续公，次子葆樑。

海　澜　志锜公长子，字彝孙，曾任乾清门侍卫。

海　沂　志锜公三子，字子炎，未仕。

海　桓　志锜公四子，字君武，曾任国民大会满族代表。

石　霞　志锜公之女，适清逊帝宣统之二弟溥杰，擅诗书，曾执教于香港大学中国语文系。

舜　君　志锜公之女，适湖南名士雷嗣尚，生二子，长道余，次孝琛，曾任国民大会满族代表。

附

录

读《吃在北平》后

子佳

上月二十三、四、五日，"联副"发的一篇《吃在北平》非常有趣，我有几点意见补充。

第一、东兴楼的"乌鱼蛋实际就是乌龟子"，恐不确，据我的朋友动物学教授汤胜汉先生说，乌鱼即墨鱼，乌鱼蛋实非蛋，乃是乌鱼之卵巢。一片片拇指大小的乌鱼蛋，不是刀切的，刀切不了那么薄，那乃是天然的模样。"下水一汆就吃"，恐不可能，此菜在东兴楼名为"乌鱼蛋"，用好汤煨煮，勾芡，加胡椒粉芫荽菜，并且微加醋，以去其腥。

第二、"炸肫去边"，似应作"炸肫去里"，即剥去里面那一层厚皮之谓，炸肫非如此不嫩不脆。

第三、玉华台的汤包，固然别致，真正的美味要数煮干丝、肴肉、核桃酪、水晶虾饼等。

第四、福全馆在前清是东城有名的大馆子，到了民初就没落了，只有北平的老主顾偶然惠临。我在民国十五年回到北平，初次宴客于此，客人们都感到惊讶，觉得是一个奇特的地方。实则此馆颇能保存北平式的旧风味，例如糟溜鱼片、炝鸭条、爆肚仁之类，最妙的是附近有一家酪铺，饭后可以唤取酪卷、酪干作为甜点。街内有便宜坊，可以叫烤鸭；如果是季节，白魁的烧羊肉也可以作为一道菜。至于民初之际，活跃于此的一个卖牙签、耳挖勺的老者，兼营一种微妙的副业，更是无人不知的了。

第五、春华楼壁上多名人字画，张大千的特别多，如芭蕉美人之类就不止一幅。其红烧大乌参是不错，余如蝴蝶鱼、松鼠鱼、火腿冬笋汤、金钱鸡都很出色。地点好像是王广福斜街？还是杨梅竹斜街？我记不得了。

第六、厚德福在前清是烟馆，所以楼上那三间雅座都有短榻，附带着卖些点心。到了袁氏当国，豫菜大行其道，厚德福遂变为饭庄。老掌柜陈莲堂是灶上出身，收了几个徒弟，后来都派到东北、西安、沪、港等处分号掌勺。拿手菜除了铁锅蛋、瓦块鱼之外，要数生炒鳝鱼丝。山东馆子不卖鳝鱼，淮阳馆子的软兜是炒熟鳝，生炒的只此一家，味极美。瓦块鱼焙面，其实那不是面，乃是马铃薯擦成丝，油炸而成，面没有那样细而脆。一般吃主都不知道。此外如鱿鱼卷、琵琶燕菜、风干鸡，也是别处吃不到的。

第七、致美斋的拿手菜不只是酱爪尖，烟台师傅的拿手菜都不恶。拌鸭掌、煎馄饨、清油饼、砂锅鱼翅，都极好。过年特制火腿月饼，乃是一绝。

读《中国吃》

梁实秋

中国人馋，也许北平人比较起来最馋。馋，若是译成英文很难找到适当的字。译为piggish、gluttonous、greedy都不恰，因为这几个字令人联想起一副狼吞虎咽的饕餮相，而真正馋的人不是那个样子。中国宫廷摆出满汉全席，富足人家享用烤乳猪的时候，英国人还用手抓菜吃，后来知道用刀叉也常常是在宴会中身边自带刀叉备用，一般人怕还不知蔗糖胡椒为何物。文化发展到相当程度，人才知道馋。

读了唐鲁孙先生的《中国吃》，一似过屠门而大嚼，使得馋人垂涎欲滴。唐先生不但知道的东西多，而且用地道的北平话来写，使北平人觉得益发亲切有味，忍不住，我也来饶舌。

现在正是吃炰烤涮的时候，事实上一过中秋烤涮炰就上市了，不过要等到天真冷下来，吃炰烤涮才够味道。东安市场的东来顺生意鼎盛，比较平民化一些，更好的地方是前门肉市的正阳楼。那是一个弯弯曲曲的陋巷，地面上经常有好深的车辙，不知现在拓宽了没有。正阳楼的雅座在路东，有两个院子，大概有十来个座儿。前院放着四个烤肉炙子，围着几条板凳。吃烤肉讲究一条腿踩在凳子上，作金鸡独立状，然后探着腰自烤自吃自酌。正阳楼出名的是螃蟹，个儿特别大，别处吃不到，因为螃蟹从天津运来，正阳楼出大价钱优先选择，所以特大号的螃蟹全在正阳楼，落不到旁人手上。买进之后要在大缸里养好几天，每天浇以鸡蛋白，所以长得各个顶盖儿肥。客人进门在二道门口儿就可以看见一大缸一大缸的无肠公子。平常一个人吃一尖一团就足够了，佐以高粱最为合适。吃螃蟹的家伙也很独到，一个小圆木盘，一只小木槌子，每客一份。如果你觉得这套家伙好，而且你又是常客，临去带走几副也无所谓，小账当然要多给一点。螃蟹吃过之后，烤肉涮肉即可开始。肉是羊肉，不像烤肉烤纪肉苑那样以牛肉为主。正阳楼的切羊肉的师傅是一把手，他用一块抹布包在一条羊肉上（不是冰箱冻肉），快刀慢切，切得飞薄。黄瓜条，三叉儿，大肥片儿，上脑儿，任听尊选。一盘没有几片，够两筷子。如果喜欢吃涮的，早点吩咐伙计升好锅子熬汤，熟客还可以要一个锅子底儿，那就是别人涮过的剩汤，格外浓。如果要吃烤的，自己到院子里去烤，再不然就教伙计代劳。正阳楼的烧饼也特别，薄薄的两层皮儿，没有瓤儿，烫手热。撕开四分之三，瓣开了一股热气喷出，把肉往里一塞，又香又软又热又嫩。吃过螃蟹烤羊肉之后，要想喝点什么便感觉到很为难，因为在那鲜美的食物之后无以为继，喝什么汤也没有滋味了。有高人指点，螃蟹烤肉之后惟一压得住阵脚的是氽大甲，大甲就是螃蟹的螯，剥出来的大块螯肉在高汤里一氽，加芫荽末，加胡椒面儿，撒上回锅油炸麻花儿。只有这样的一碗汤，香而不腻。以蟹始，以蟹终，吃得服服贴帖。烤羊肉这种东西，很容易食过量，饭后备有普洱酽茶帮助消化，向堂倌索取即可，否则他是不送上的。如果有人贪食过量，当场动弹不得，撑得翻白眼儿，人家还备有特效解药，那便是烧焦了的栗子，磨成灰，用水服下，包管你肚子里咕噜咕噜响，躺一会儿就没事了。雅座都有木炕可供小卧。正阳楼也卖普通炒菜，不过吃主总是专吃他的螃蟹羊肉。台湾也有所谓蒙古烤肉，铁炙子倒是满大的，羊肉的质料不能和口外的绵羊比，而且烤的佐料也不大对劲，什么红萝卜丝辣椒油全羼上去了。烧饼是小厚墩儿，好厚的心子，肉夹不进去。

上面说到炰烤捌，炰是什么？炰或写作爆。是用一面平底的铛（音铛）放在炉子上，微火将铛烧热，用焦煤、木炭、柴均可。肉蘸了酱油香油，拌了葱姜之后，在铛上滚来滚去就熟了，这叫作铛炰羊肉，味清淡，别有风味，中秋过后什刹海路边上就有专卖铛炰羊肉的摊子。在家里用烙饼的小铛也可以对付。至于普通馆子的炰羊肉，大火旺油加葱爆炒，那就是另外一码子事了。

东兴楼是数一数二的大馆子，做的是山东菜。山东菜大致分为两帮，一是烟台帮，一是济南帮，菜数作风不同。丰泽园明湖春等比较后起，属于济南帮。东兴楼是属于烟台帮。初到东兴楼的人没有不诧异的，其房屋之高的，高得不成比例，原来他们是预备建楼的，所以木料都有相当的长度，后来因为地址在东华门大街，有人挑剔说离皇城根儿太近，有藉以窥探宫内之嫌，不许建楼，所以为了将就木材，房屋的间架特高。别看东兴楼是大馆子，他们保存旧式作风，厨房临街，以木栅做窗，为的是便利一般的"口儿厨子"站在外面学两手儿。有手艺的人不怕人学，因为很难学到家。客人一掀布帘进去，柜台前面一排人，大掌柜的，二掌柜的，执事先生，一齐点头哈腰"二爷你来啦"，"三爷您来啦！"山东人就是不喊人做大爷，大概是因为武大郎才是大爷之故。一声"看座"，里面的伙计立刻应声。二门有个影壁，前面大木槽养着十条八条的活鱼。北平不是吃海鲜的地方，大馆子总是经常备有活鱼。东兴楼的菜以精致着名，调货好，选材精，规规矩矩。炸胗一定去里儿，爆肚儿一定去草芽子。爆肚仁有三种作法，油爆，盐爆，汤爆，各有妙处，这道菜之最可人处是在触觉上，嚼上去不软不硬不韧而脆，雪白的肚仁衬上绿的香菜梗，于色香味之外还加上触，焉得不妙？我曾一口气点了油爆盐爆汤爆三件，真乃下酒的上品。芙蓉鸡片也是拿手，片薄而大，衬上三五根豌豆苗，盘子里不汪着油。烩乌鱼钱带割雏儿也是着名的。乌鱼钱又名乌鱼蛋，蛋字犯忌，故改为钱，实际是鱼的卵巢。割雏儿是山东话，鸡血的代名词，我问过许多山东朋友，都不知道这两个字如何写法，只是读如割雏儿。锅烧鸡也是一绝，油炸整只子鸡，堂倌拿到门外廊下手撕之，然后浇以烩鸡杂一小碗。就是普通的肉末夹烧饼，东兴楼的也与众不同，肉末特别精特别细，肉末是切的，不是斩的，更不是机器轧的。拌鸭掌到处都有，东兴楼的不夹带半根骨头，垫底的黑木耳适可而止。糟鸭片没有第二家能比，上好的糟，糟得彻底。民国十五年夏，一批朋友从外国游学归来，时昭瀛意气风发要大请客，指定东兴楼，要我做提调，那时候十二元一席就可以了，我订的是三十元一桌，内容丰美自不消说，尤妙的是东兴楼自动把埋在地下十几年的陈酿花雕起了出来，羼上新酒，芬芳扑鼻，这一餐吃得杯盘狼藉，皆大欢喜。只是，风流云散，故人多已成鬼，盛筵难再了。东兴楼在抗战期间在日军高压之下停业，后来在帅府园易主重张，胜利后曾往尝试，则已面目全非，当年手艺不可再见。

致美楼，在煤市街，路西的是雅座，称致美斋，厨房在路东，斜对面。也是属于烟台一系，菜式比东兴楼稍粗一些，价亦稍廉，楼上堂倌有一位初仁义，满口烟台话，一团和气。咸白菜酱萝卜之类的小菜，向例是伙计们准备，与柜上无涉，其中有一色是酱豆腐汁拌嫩豆腐，洒上一勺麻油，特别好吃。我每次去初仁义先生总是给我一大碗拌豆腐，不是一小碟。后来初仁义升做掌柜的了。我最欢喜的吃法是要两个清油饼（即面条盘成饼状下锅油煎）再要一小碗烩两鸡丝或烩虾仁，往饼上一浇。我给起了个名字，叫过桥饼。致美斋的煎馄饨是别处没有的，馄饨油炸，然后上屉一蒸，非常别致。沙锅鱼翅炖得很烂，不大不小的一锅足够三五个人吃，虽然用的是翅根儿，不能和黄鱼尾比，可是几个人小聚，得此亦是最好不过的下饭的菜了。还有芝麻酱拌海参丝，加蒜泥，冰得凉凉的，在夏天比什么冷荤都强，至少比里肌丝拉皮儿要高明得多。到了快过年的时候，致美斋特制萝卜丝饼和火腿月饼，与众不同，主要的是用以馈赠长年主顾，人情味十足。初仁义每次回家，都带新鲜的烟台苹果送给我，有一回还带了几个莱阳梨。

厚德福饭庄原先是个烟馆，附带着卖一些馄饨点心之类供烟客消夜。后来到了袁氏当国，河南人大走红运，厚德福才改为饭馆。老掌柜的陈莲堂是河南人，高高大大的，留着山羊胡子，满口河南土音，在烹调上确有一手。当年河南开封是办理河工的主要据点，河工是肥缺，连带着地方也富庶起来，饭馆业跟着发达，这就和扬州为盐商汇集的地方所以饮宴一道也很发达完全一样。袁氏当国以后，河南菜才在北平插进一脚，以前全是山东人的天下。厚德福地方太小，在大栅栏一条陋巷的巷底，小小的招牌，看起来不起眼，有人连找都不易找到。楼上楼下只有四个小小的房间，外加几个散座。可是名气不小，吃客没有不知道厚德福的。最尴尬的是那楼梯，直上直下的，坡度极高，各层相隔甚巨。厚德福的拿手菜，大家都知道，包括瓦块鱼，其所以做得出色主要是因为鱼新鲜肥大，只取其中段，不惜工本，成绩怎能不好？勾汁儿也有研究，要浓稀甜咸合度。吃剩下的汁儿焙面，那是骗人的，根本不是面，是刨番薯丝，要不然炸出来怎能那么酥脆？另一道名菜是铁锅蛋，说穿了也就是南京人所谓涨蛋，不过厚德福的铁锅更能保温，端上桌还久久的滋滋响。我的朋友赵太侔曾建议在蛋里加上一些美国的 cheese 碎末，试验之后风味绝佳，不过不喜欢 cheese 的人说不定会"气死"！炒鱿鱼卷也是他们的拿手，好在发得透，切得细，旺油爆炒。核桃腰也是异曲同工的菜，与一般炸腰花不同之处是他的刀法好，火候对，吃起来有咬核桃的风味。后有人仿效，真个的把核桃仁加进腰花一起炒，那真是不对意思了。最值一提的是生炒鳝鱼丝。鳝鱼味美，可是山东馆不卖这一道菜，谁要是到东兴楼致美斋去点鳝鱼，那简直是开玩笑。淮扬馆子做的软儿或是烩虎尾也很好吃，但风味不及生炒鳝鱼丝，因为生炒才显得脆嫩。在台湾吃不到这个菜。华西街有一家海鲜店写着生炒鳝鱼四个大字，尚未尝试过，不知究竟如何。厚德福还有一味风干鸡，到了冬天一进门就可以看见房檐下挂着一排鸡去了脏腑，留着羽毛，填进香料和盐，要挂很久，到了开春即可取食。风鸡下酒最好，异于薰鸡卤鸡烧鸡白切油鸡。

厚德福之生意突然猛晋是由于民初先农

坛城南游艺园开放。陈掌柜托警察厅的朋友帮忙抢先弄到营业执照，匾额就是警察厅擅写魏碑的那一位刘勃安先生的手笔（北平大街小巷的路牌都是出自他手）。平素陈掌柜培养了一批徒弟，各有专长，例如梁西臣善使旺油，最受他的器重。他的长子陈景裕一直跟着父亲做生意。营利所得，同伙各半，因此柜上、灶上、堂口上，融洽合作。城南游艺园风光了一阵子，因楼塌砸死了人而歇业，厚德福分号也只好跟着关门。其充足的人力、财力无处发泄，老店地势局促不能扩展，而且他们笃信风水，绝对不肯迁移。于是乎厚德福向国内各处展开，沈阳、长春、黑龙江、西安、青岛、上海、香港、昆明、重庆、北碚等处分号次等成立，现在情形如何就不知道了。厚德福分号既多，人手渐不敷用，同时菜式也变了质，不复能维持原有作风。例如，各地厚德福以北平烤鸭着名，那就是难以令人逆料的事。

说起烤鸭，也有一段历史。

北平不叫烤鸭，叫烧鸭子。因为不是喂养长大的，是填肥的，所以有填鸭之称。填鸭的把式都是通州人，因为通州是运河北端起点，富有水利，宜于放鸭。这种鸭子羽毛洁白，非常可爱，与野鸭迥异。鸭子到了适龄的时候，便要开始填。把式坐在凳子上，把只鸭子放在大腿中间一夹，一只手掰开鸭子的嘴，一只手拿一根比香肠粗而长的预先搓好的饲料硬往嘴里塞，塞进嘴之后顺着鸭脖子往下捋，然后再一根下去，再一根下去……填得鸭子摇摇晃晃。这时候把鸭子往一间小屋里一丢，小屋里拥挤不堪，绝无周旋余地，想散步是万不可能。这样填个十天半个月，鸭子还不蹲膘？

吊炉烧鸭是由酱肘子铺发卖，以从前的老便宜坊为最出名，之后金鱼胡同西口的宝华春也还不错。饭馆子没有自己烤鸭子的，除了全聚德以专卖鸭全席之外。厚德福不卖烧鸭，只有分号才卖，起因是柜上有一位张诗舫先生，精明能干，好多处分号成立都是他去打头阵，他是通州人，填鸭是内行，所以就试行发卖北平烤鸭了。我在北碚的时候，他去筹设分号，最初试行填鸭，填死了三分之一，因为鸭种不对，禁不住填，后来减轻填量才获相当的成功。吊炉烧鸭不能比叉烧烤鸭，吊炉烧鸭因为是填鸭，油厚，片的时候是连皮带油带肉一起片。叉烧烤鸭一般不用填鸭，只拣稍微肥大一点就行了，预先挂起晾干，烤起来皮和肉容易分离，中间根本没有黄油，有些饭馆干脆把皮揭下盛满一大盘子上桌，随后再上一盘子瘦肉。那焦脆的皮固然也很好吃，然而不是吊炉烧鸭的本来面目。现在台湾的烤鸭，都不是填鸭，有那份手艺的人不容易找。至于广式的烧鸭以及电烤鸭，那都是另一个路数了。

在福全馆吃烧鸭最方便，因为有个酱肘子铺就在右手不远，可以喊他送一只过来，鸭架装打卤，斜对面灶温叫几碗一窝丝，实在最为理想，宝华春楼上也可以吃烧鸭，现烧现片，烫手热，附带着供应薄饼葱酱盒子菜，丰富极了。

在《中国吃》这本书里，唐先生提起锡拉胡同玉华台的汤包，那的确是一绝。

玉华台是扬州馆，在北平算是后起的，好像是继春华楼而起的第一家扬州馆，此后如八面槽的淮扬春以及许多什么什么春的也都跟着出现了。玉华台的大师傅是从东堂子胡同杨家（杨士骧）出来的，手艺高超。我在北平的时候，北大外文系女生杨毓恂小姐毕业时请外文系教授们吃玉华台，胡适之先生也在座，若不是胡先生即席考证我还不知杨小姐就是东堂子胡同杨家的千金。老东家的小姐出面请客，一切伺候那还错得了？最拿手的汤包当然也格外加工加细。从笼里取出，需用手捏住包子的褶儿，猛然提取，若是一犹疑就怕要皮破汤流不堪设想。其实这玩意儿是吃个新鲜劲儿。谁吃包子尽吮汤呀？而且那汤原是大量肉皮冻为主，无论加什么材料进去，味道不会十分鲜美。包子皮是烫面做的，微有韧性，否则包不住汤。我平常在玉华台吃饭，最欣赏它的水晶虾饼，厚厚的扁圆形的摆满一大盘，洁白无瑕，几乎是透明的，入口软脆而松。做这道菜的诀窍是用上好白虾，羼进适量的切碎的肥肉，若完全是虾既不能脆更不能透明，入温油徐徐炸之，不要焦，焦了就不好看。不说穿了，谁也不知道里头有肥肉，怕吃肥肉的人最好少下箸为妙。一般馆子的炸虾球也差不多是一个作法，可能羼了少许荚粉，也可能不完全是白虾。玉华台还有一道核桃酪也做得好，当然根本不是酪，是磨米成末，柠汁过滤（这一道手续很重要，不过滤则渣粗），然后加入红枣泥（去皮）使微呈紫红色，再加入干核桃磨成的粉，取其香。这一道甜汤比什么白木耳莲子羹或罐头水果充数的汤要强得多。在家里也可以做，泡好白米捣碎取汁，和做杏仁茶的道理一样。自己做的核桃酪我发觉比馆子里大量出品的还要精细可口些。

北平的吃食，怎么说也说不完。唐鲁孙先生见多广识，实在令人佩服。我虽然也是北平生长大的，接触到的生活面很窄。有一回齐如山老先生问我吃过哈达门外的豆腐脑没有，我说没有，他便约了几个人（好像陈纪滢先生在内）到哈达门外路西一个胡同里，那里有好几家专卖豆腐脑的店，碗大卤鲜豆腐嫩，比东安市场的高明得多。这虽然是小吃，没人指引也就不得其门而入。又例如灌肠是我最喜爱的食物，煎得焦焦的，那油不是普通的油，是卖熏鱼儿的作坊所撇出来的油，有说不出的味道。所谓卖熏鱼儿的，当初是有小条的熏鱼卖，后来熏鱼就不见了，只有猪头肉、肠子、肝脑、猪心等等。小贩背着木箱串胡同，口里吆喝着"面筋哟！"，其实卖的是猪头肉等，面筋早已不见了，而你喊他过来的时候却要喊："卖熏鱼儿的！"
这真是一怪。有人告诉我要吃真正的灌肠需
要到后门外桥头儿上那一家去，那才是真正
的灌肠，又粗又壮的肠子就和别处不同，而
且是用真正的猪肠。这一说明把我吓退，猪
肠太肥，至今不曾去尝试过，可是有人说那
味道确实不同。小吃还有这么多讲究，饭馆
子饭庄子里面的学问当然更大了去了。我写
此短文，不是为唐先生的大文做补充，要补
充我也补充不了多少，我只是读了唐先生的
书，心里一痛快，信口开河，凑个趣儿。

谈"双喜"

夏元瑜

　　前些日子，某报的记者先生来找我，问我喜鹊是什么样子的鸟儿。我一边说着，一边儿随手画了一只喜鹊。他问完了就走了，我也没去注意刚才我画的那张"墨宝"下落何方。

　　没想到过了几天，一上午就遇见好几位朋友问我喜鹊的问题，我真想不通今天喜鹊怎么走了运。后来才知道，该报登了一段"双喜烟"的故事，而且把我那张"墨宝"也印了出来。可惜那位来访的记者，事先没告诉我一声，要把这张图登出来。我要是早知道的话，要用支毛笔，好好儿地画，也可在报上露一手老夫的花鸟画儿，白白地错过一个自我宣传的机会，让捧我的读者先生们也看看老盖仙除了嘴会吹之外，手也不含糊，能画。想不到，在今日画坛之上竟然有这么一位隐姓埋名的大画家呢。可惜！可惜！我不是为我误过了宣传的机会，而是为诸位读者误过眼福可惜。

朋友中有一位先生是香烟专家，对于省内各种牌子的烟了如指掌。他已经细说了一遍省内烟牌子的来龙去脉，您已看完，必能得到一个有系统的印象。

至于双喜烟上画的是什么，我是毫无成见。"喜"是欢喜之意，不一定非要喜鹊不可，两只就够得上是"双"，二鸟肥肥胖胖——足见生活的优裕——就够得上"喜"。何必非要长尾巴的喜鹊不可呢？就算一定要用喜鹊，也不必非写实不可。毕加索画些绿脸怪人，左边长两眼，右边没有眼，不也是大大的杰作吗？

为人在世，凡事都看开点，又何必样样那么认真。

本书简体中文版由台湾大地出版社授权出版

著作权合同登记图字： 23-2023-091

图书在版编目（CIP）数据

天下味：全四册 / 唐鲁孙著. -- 昆明：云南人民
出版社，2024.2
ISBN 978-7-222-22598-5

Ⅰ.①天… Ⅱ.①唐… Ⅲ.①饮食－文化－中国
Ⅳ.①TS971.202

中国国家版本馆CIP数据核字(2023)第238624号

责任编辑： 金学丽　柴　锐
特邀编辑： 冯　婧
装帧设计： 周伟伟
内文制作： 陈基胜
责任校对： 柳云龙
责任印制： 代隆参

天下味：全四册

唐鲁孙　著

出　版　云南人民出版社
发　行　云南人民出版社
社　址　昆明市环城西路609号
邮　编　650034
网　址　www.ynpph.com.cn
E-mail　ynrms@sina.com
开　本　890mm×1290mm　1/64
印　张　26.75
字　数　618千
版　次　2024年2月第1版第1次印刷
印　刷　山东临沂新华印刷物流集团有限责任公司
书　号　ISBN 978-7-222-22598-5
定　价　240.00元